내 아이 숨은 능력을 깨워주는
어린이 근력 트레이닝

내 아이 숨은 능력을 깨워주는

어린이 근력 트레이닝

이시이 나오카타 지음 | 윤혜림 옮김

전나무숲

요즘 아이들에겐 근력 트레이닝이 필요하다

근력 트레이닝 하면 우람한 가슴근육이나 알통 굵은 팔로 바벨을 받쳐 든 모습부터 떠오른다. 이미지만 보자면 근력 트레이닝은 아이들과 거리가 먼 운동이다. 그러나 지금 아이들에게는 근력 트레이닝이 필요하다. 그만큼 아이들의 근력이 약해졌기 때문이다.

요즘 아이들은 체육 시간에 줄넘기를 하다 넘어져도 뼈가 부러지고, 뜀틀을 넘다 굴러도 큰 부상을 입는다. 뛰고 뒹굴며 몸을 써서 놀 기회가 크게 줄었기 때문이다. 제대로 놀지 못하니 근력이 떨어져 사소한 움직임도 견뎌내지 못한다. 더 심각한 문제는 근육을 바르게 사용하게 하는 두뇌 활동마저 부족하다는 것이다.

초등학교 입학 전까지 아이들은 놀이를 통해 앞으로 필요한 신체 동작과 머리 쓰는 법을 배우고 익힌다. 그런 목적의식을 갖고 노는 것은 아니지만 충분히 놀지 못하면 몸도 뇌도 충분히 발달하지 못한다. 게다가 신체 활동이 부족하면 에너지 소비도 줄어든다. 놀이 부족이 아이들의 근력을 떨어뜨리고 대신 살만 찌우고 있다.

아이들은 잘 놀아야 잘 큰다. 그러나 실컷 놀지도 못하게 하면서 잘 크라고만 하니 안타깝다. 우리의 어린 시절을 돌이켜보자. 해 질 녘까지 밖에서 뛰어놀아도 부모들은 아무 걱정도 하지 않았다. 노는 동안 몸은 부상에 강해지고 그 몸을 제대로 부릴 수 있게 머리도 좋아졌다.

요즘은 어떤가? 어른들은 안전을 내세워 자신들의 기준으로 아이들의 놀이를 제약한다. 놀 만한 장소도 마땅히 없다. 아이들이 근력 트레이닝을 해야 할 만큼 근력이 떨어진 것은 다 어른 탓이다.

아이들이 근력을 되찾게 하려면 환경을 되돌려야 한다. 지금 아이들에게 우리가 어릴 때 뛰놀던 너른 들판과 동네를 만들어주어야 한다. 하지만 환경을 바꾸는 일은 시간과 비용 면에서 만만치 않다. 그렇다면 아이들이 몸과 머리를 단련할 수 있는 상황과 기회라도 마련해주어야 한다. 그것이 바로 이 책의 주제인 '어린이 근력 트레이닝'이다. 요즘 같은 환경에서 자라는 아이들에게 근력 트레이닝은 해도 그만 안 해도 그만인 '선택'이 아니라 꼭 해야 하는 '필수' 운동이다.

Chapter 03

근력이 강해지면 두뇌 활동도 활발해진다

맘껏 뛰놀지 못하는 요즘 아이들, 너무 허약하거나 살찐 아이들

유치원이나 초등학교 선생님들의 이야기를 들으면 아이들의 체력 저하 현상이 얼마나 심각한지 알 수 있다. 아이들 대부분이 등을 꼿꼿이 세우지 못해 앉으나 서나 늘 구부정하다고 한다. 수업 중에 아예 엎드리거나 드러눕기도 한다. 달리기를 할 때도 앞을 향해 똑바로 뛰지 못하고, 줄넘기를 하다 다리가 부러지는 일도 있다고 한다.

체력 저하는 아이들의 건강을 해칠 뿐만 아니라 인성에도 악영향을 미친다. 주변을 봐도 알겠지만 지나치게 살찐 아이들이 많다. 은둔형 외톨이나 사소한 일에 공격적으로 반응하는 아이들도 늘어나고 있다. 이 정도라면 나이 들어 건강에 미칠 악영향만을 걱정하고 있을 때가 아니다. 아이들의 체력 저하는 그들의 미래뿐 아니라 현재 생활에도 구체적이고 심각한 해를

끼치기 때문이다.

아이들을 이 지경으로 몰아넣은 것은 다름 아닌 우리 어른들이다. 어른들이 제공하는 한없이 편리하고 안전한 환경이 아이들을 약골로 만들고 있는 것이다. 학교 운동장이나 동네 놀이터만 가봐도 알 수 있다. 조금이라도 위험하다 싶은 놀이기구는 찾아볼 수가 없다. 어떤 방법으로 놀아도 사고가 나지 않는 온통 안전한 놀이기구뿐이다. 구름사다리마저 우리가 어릴 때 즐겨 놀던 그 구름사다리가 아니다. 한가운데 가장 높은 곳에 매달려도 발이 거뜬히 땅에 닿는 아주 안전한 구름사다리다.

놀이기구가 이 정도니 도시에서 나무 타기를 기대하는 것은 무리다. 그래도 혹시나 해서 둘러보지만 아이들이 나무를 타고 오르는 모습은 전혀 보이지 않는다. 그런 행동을 그대로 두는 부모도 없지만 그보다 도시에는 타고 오를 만한 나무조차 변변히 없다. 모험을 즐길 만한 역동적인 놀이기구와 풍부한 자연환경 대신 아이들에게는 컴퓨터와 게임기가 주어졌다.

흙바닥에 뒹굴며 놀다 보면 여기저기 생채기가 나게 마련이다. 어린 시절 놀다 넘어져 다치고 아팠던 기억과 소소한 모험들은 추억으로 남는다. 우리는 그렇게 뛰놀면서 건강한 몸을 만들었다. 따로 시간을 내서 운동을 하거나 특별한 방법으로 민첩성과 유연성을 기르려고 애쓰지 않았다. 그저 신나게 노는 것만으로도 신체를 단련하는 데 전혀 부족함이 없었다.

일본 문부과학성이 매년 실시하는 초등학생 체력 검사 결과에 따르면 1980년대 들어서부터 아이들의 체력이 계속 떨어지고 있다.* 더 심각한 문제는 어린 시절의 체력 저하가 성장 후에도 계속 영향을 미친다는 사실이다.

이를 잘 보여주는 예가 있다. 대학 신입생을 대상으로 실시한 체력 검사 결과를 분석했더니 1990년대 이후로 체력 저하 현상이 두드러졌다. 그들이

---

* 2010년 초등학교 '학생건강체력평가' 결과는 한국의 초등학생들 역시 체력 저하 현상이 심각하다는 사실을 잘 보여준다. 2010년 '학생건강체력평가'를 받은 초등학생 수는 2009년보다 3만 5000여 명이 늘었지만 1등급(80~100점)에 해당하는 학생은 6008명이나 줄고 2등급(60~79점) 학생도 9896명이 감소했다.

초등학생이던 1980년대는 아이들의 체력이 많이 떨어지기 시작하던 무렵이다. 10년이나 지나서야 이 일을 계기로 초등학생 시기의 체력 저하가 얼마나 심각한 문제인지 인식하게 됐다.

사실 나는 아이들이 초등 저학년 때 아무리 약골이라도 고학년이 되고, 중학생에서 고등학생이 되는 동안에 웬만큼은 체력을 회복할 수 있을 거라고 생각했다. 학교에서 규칙적으로 체육 수업을 받고, 방과 후에도 가끔 축구나 야구 같은 운동도 할 테니 그 정도면 튼튼하게 자랄 수 있을 거라 믿은 것이다.

게다가 내 아이들이나 아이의 친구들이 늘 몸을 움직여 놀았기 때문에 그런 모습만 보아온 나로서는 아이들의 체력 저하에 대해 딱히 위기감 같은 것을 느끼지 못했다. 그러나 대학 신입생 체력 검사 결과를 통해 '초등 약골'이 그대로 '성인 약골'로 이어질 수 있다는 우려가 엄연한 사실로 드러났다.

나는 지금까지 '생활습관병 예방을 위한 신체 단련'이나 '아름다운 몸매 만들기' 등 다양한 주제로 연구를 했다. 방송이나 강연에서는 건강하게 오래 살려면 근육을 단련해야 한다고 주장했다. 그 대상은 모두 어른이다. 그러나 그냥 어른이 아니다. 기초 체력을 갖춘 어른이다. 어른이 되기 전에 체력과 운동 능력을 어느 정도 길러두어야 그것을 바탕으로 신체를 단련하고 몸매도 만들고 근육도 키울 수 있다는 말이다.

그나마 어릴 때 튼튼했던 지금의 어른들도 건강을 위해 필사적으로 애를 쓰는데, 하물며 어릴 때부터 약골인 내 아이들이 그대로 자라 어른이 되면 얼마나 많은 노력을 해야 건강해질 수 있을까? 그대로 두었다간 내 아이들은 나보다 훨씬 더 빨리 늙고 훨씬 더 허약해질지 모른다.

일본은 세계적인 장수 국가로 꼽히지만 실상을 들여다보면 허울에 지나지 않는다. 간병이 필요한 기간이 남녀 모두 무려 7년이 넘는다고 한다. 수명이 길어진 만큼 자리에 누워서 보내야 하는 허무한 여생도 길어졌다. 말하기조차 두렵지만, 지금 세대가 이러한데 내 아이들이 약골로 자라면 중년부터 늙고 병들어 결국에는 남은 긴 삶을 누군가의 도움에 의지하며 보내게 될 것이다.

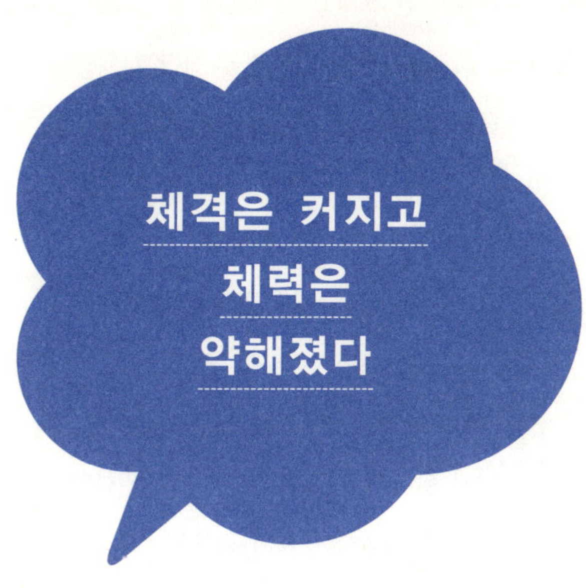

갓난아기는 젖만 먹고도 잘 자란다. 출장에서 일주일 만에 돌아오면 아기는 일 년치가 자란 듯 쑥 커 있다. 명절날 오랜만에 만난 조카들은 몰라볼 정도로 훌쩍 자라 있다. 아이들은 그렇게 쑥쑥 잘도 큰다.

인간은 태어나서 성인이 될 때까지 키는 약 3.5배, 몸무게는 약 20배가 늘어난다. 잘 먹고 잘 자고 잘 놀면 몸은 저절로 커진다. 그리고 그 몸을 지탱하는 뼈와 근육에도 힘이 붙는다. 다른 아이보다 체격이 조금 작거나 큰 정도의 차이는 있지만 본래 아이들은 가만두어도 다 알아서 자란다. 우리도 그렇게 자랐다.

그런데 요즘 아이들은 좀 다른 모양이다. 자라지 않는다는 뜻이 아니다.

일본 문부과학성이 매년 실시하는 학교보건 통계조사 결과를 보면 무슨 말인지 알 수 있다. 20~23쪽에 그래프로 나타낸 연령별 평균 신장과 체중의 변화를 살펴보자. 최근 10년간은 변동 폭이 적지만 20, 30년 전에 비해 키도 몸무게도 엄청나게 증가했다. 이런 통계자료가 아니더라도 내 어릴 때 모습과 비교하면 요즘 아이들의 체격이 얼마나 큰지 알 수 있다.

아이들의 체격이 커진 가장 큰 이유는 영양 상태가 좋아졌기 때문이다. 식생활 환경이 많이 향상된 덕분에 요즘에는 시장이나 마트에서 흔히 구할 수 있는 식품만으로도 성장에 필요한 영양분을 충분히 섭취할 수 있다.

아이들은 몸집만 커진 것이 아니라 팔다리도 길어졌다. 그러나 체형은 좋지만 왠지 약해 보인다. 그 이유는 몸을 지탱하는 뼈와 근육의 강도가 커진 체격을 따라가지 못하기 때문이다. 게다가 체력도 계속 떨어지고 있다.

24~25쪽 그래프는 제자리멀리뛰기 기록을 연도별로 나타낸 것이다. 해가 갈수록 기록이 낮아지고 있다. 7살 남아의 경우 평균치가 1988년에는 138.49센티였으나, 2008년에는 127.67센티다. 20년 동안에 10.82센티나 줄었다.*

제자리멀리뛰기는 운동 능력의 하나인 순발력을 판단하는 지표로 쓰인다. 그런데 아이들은 순발력만 떨어진 게 아니다. 제자리멀리뛰기를 비롯해 50미터 달리기, 오래달리기, 소프트볼 던지기 등 모든 체력 검사 종목의 성적이 해를 거듭할수록 낮아지고 있다.

그런데 이 수치만으로는 근력을 판단할 수가 없다. 아이들의 체력을 평

---

* 한국의 10세 남아는 1997년 163.3센티에서 2007년 151.8센티로 10년 동안에 11.5센티가 줄었다.

가하는 종목은 체격에 비례해 성적이 나오는 운동이 아니기 때문이다. 예를 들어 역도를 할 때는 체중이 높을수록 더 무거운 바벨을 들 수 있지만, 제자리멀리뛰기같이 자신의 몸을 부하로 삼아 동작을 하는 운동을 할 때는 체격이 크다고 반드시 더 멀리 뛸 수 있는 것은 아니다.

체중이 많이 나갈수록 그만큼 부하가 크기 때문에 체중이 적은 아이들과 동일한 거리를 뛰려면 그들보다 근력이 더 있어야 한다. 그렇다면 제자리멀리뛰기 기록이 낮은 쪽이 근력도 더 약하다고는 할 수 없다.

그러나 기록이 해마다 떨어지고 있다면 이야기가 달라진다. 제자리걸음이라면 모를까 계속 떨어지고 있다는 것은 불어난 체격을 감당할 수 없을 만큼 근력이 약하다는 뜻이다. 지금 우리 아이들의 몸은 체격은 커지고 근력은 떨어진 겉만 번지르르한 실속 없는 몸인 것이다.

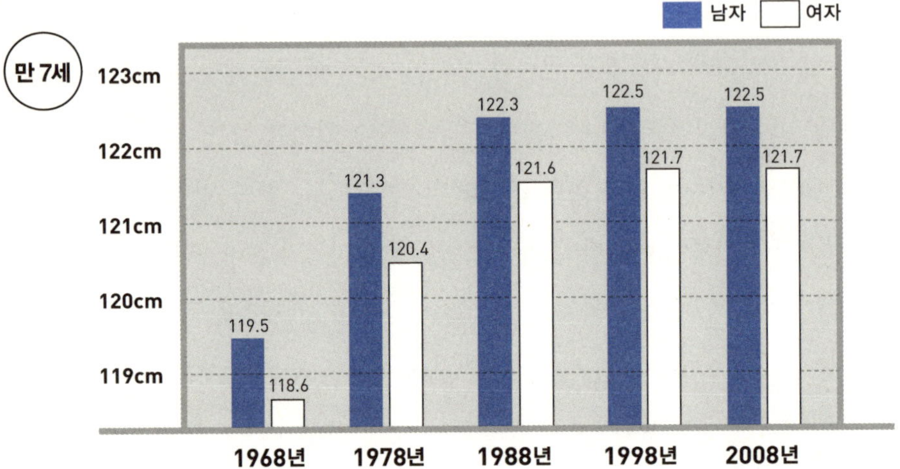

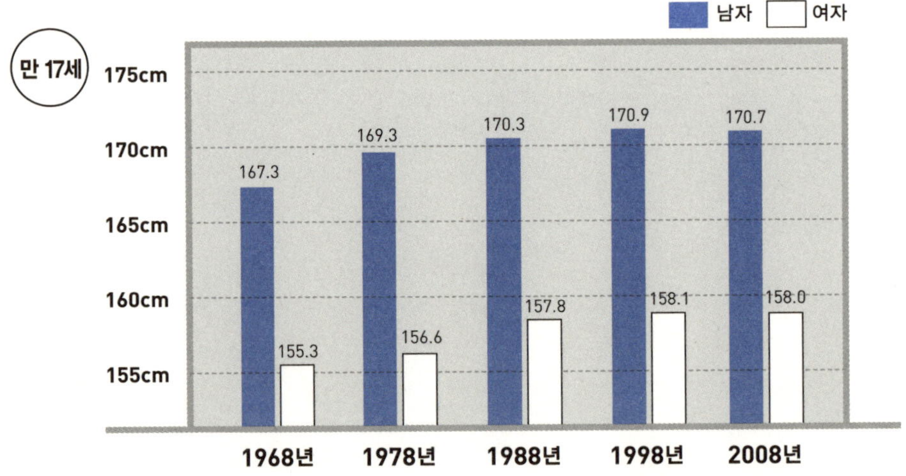

• 자료 인용 : 문부과학성 학교보건 통계조사

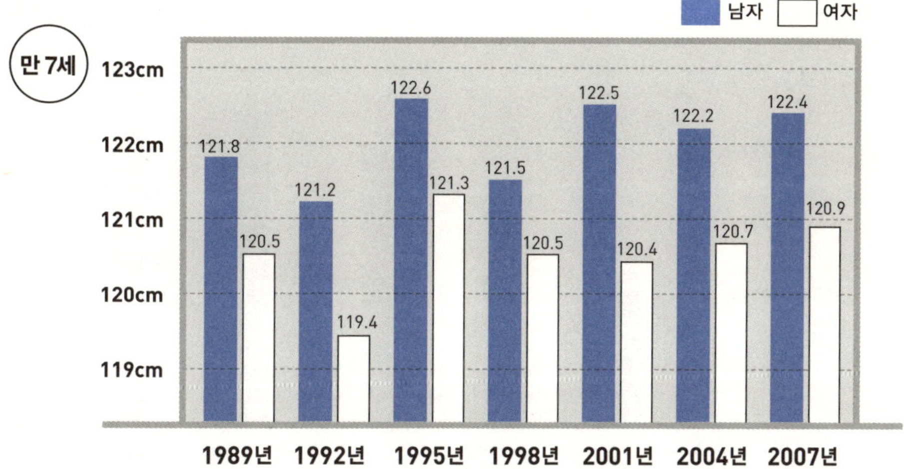

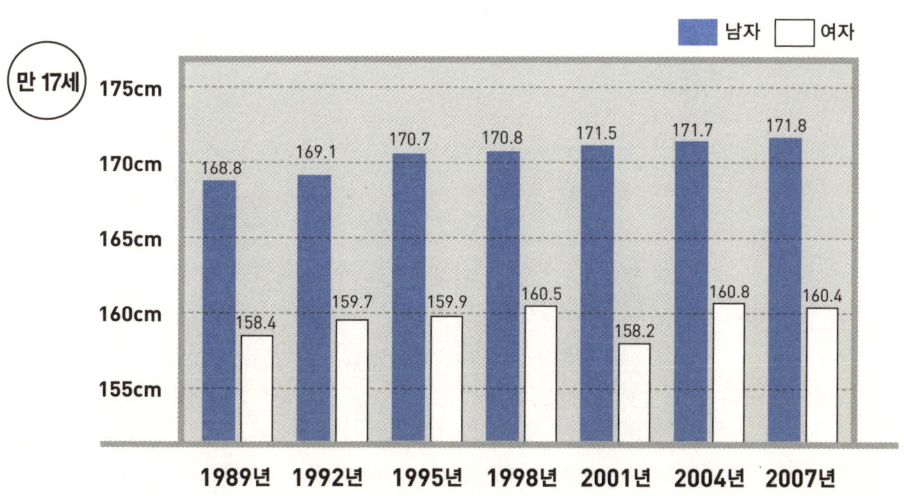

• 자료 인용 : 문화체육관광부 체육국

일본

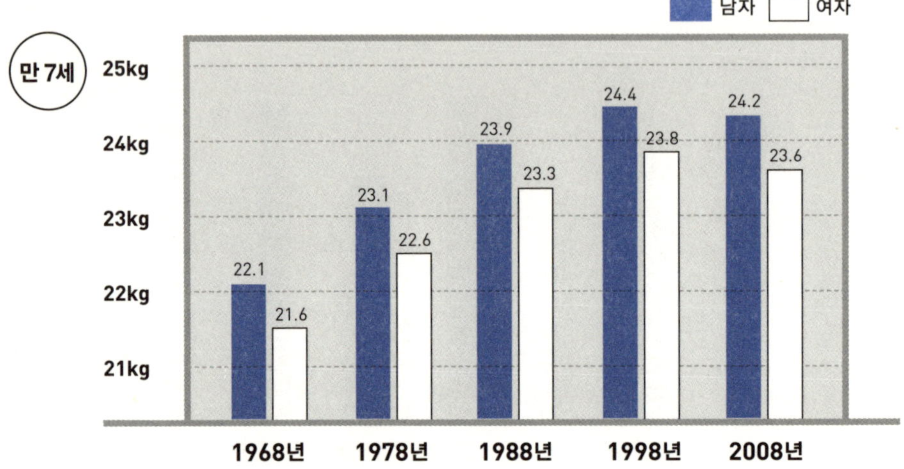

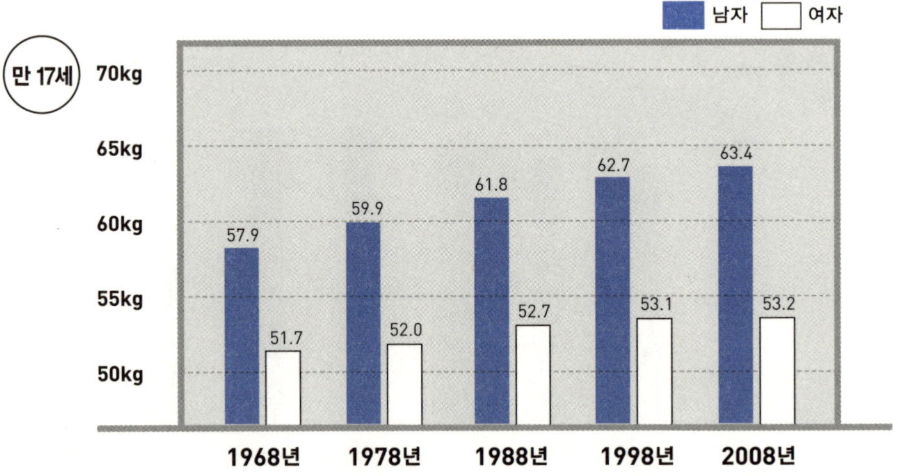

• 자료 인용 : 문부과학성 학교보건 통계조사

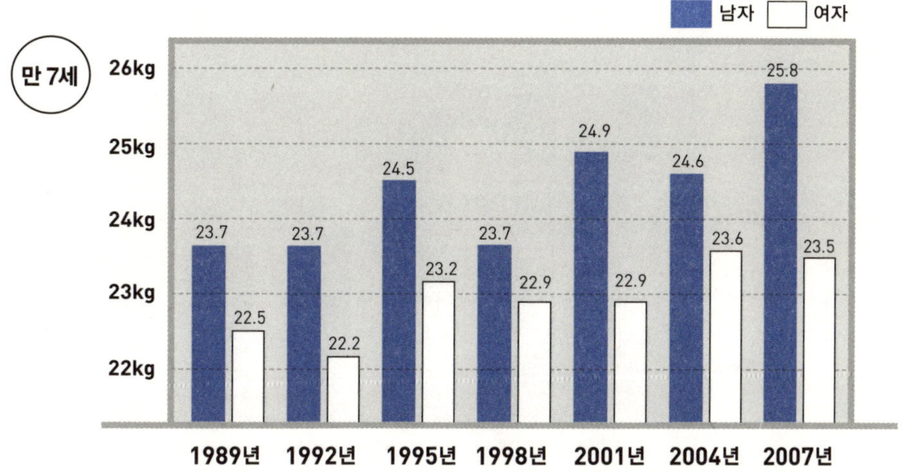

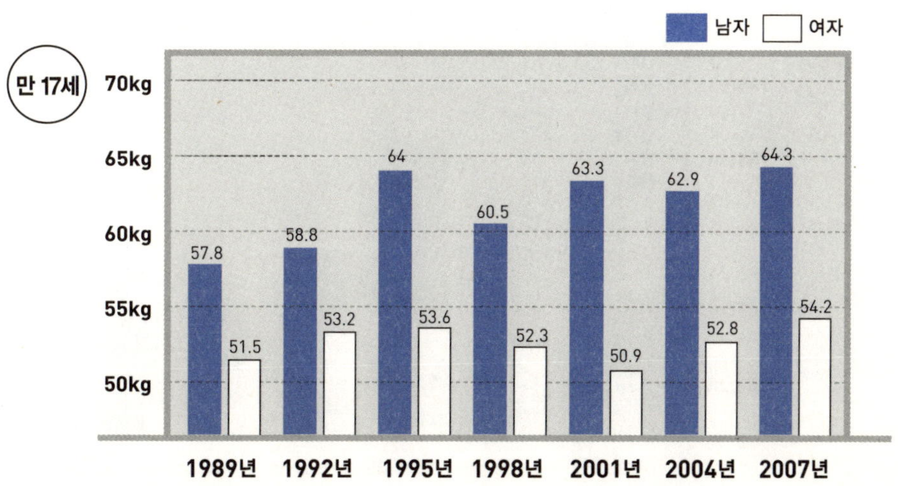

• 자료 인용 : 문화체육관광부 체육국

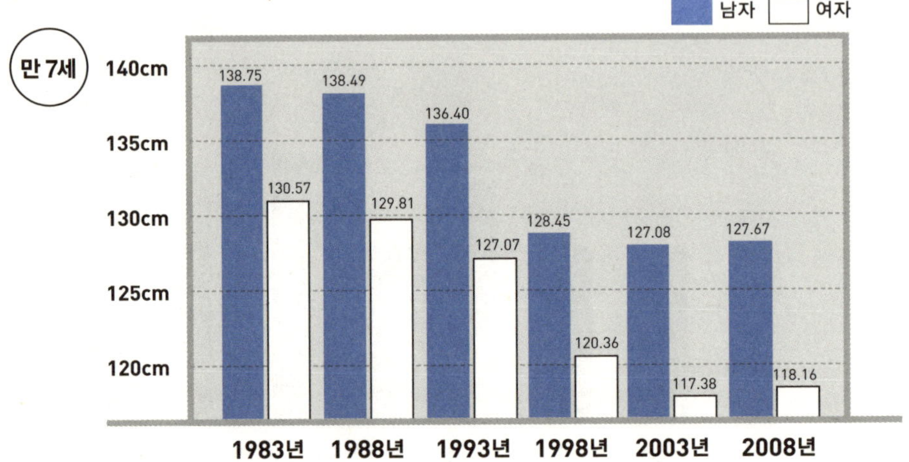

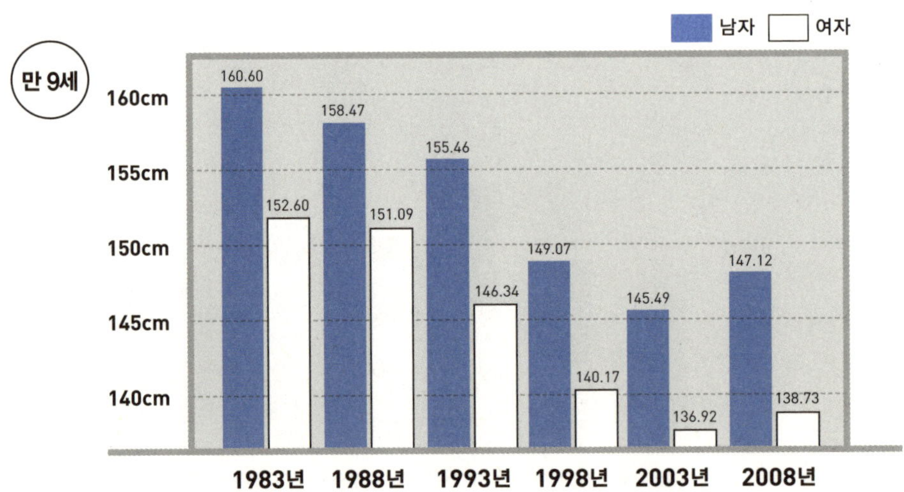

• 자료 인용 : 문부과학성 스포츠 청소년국

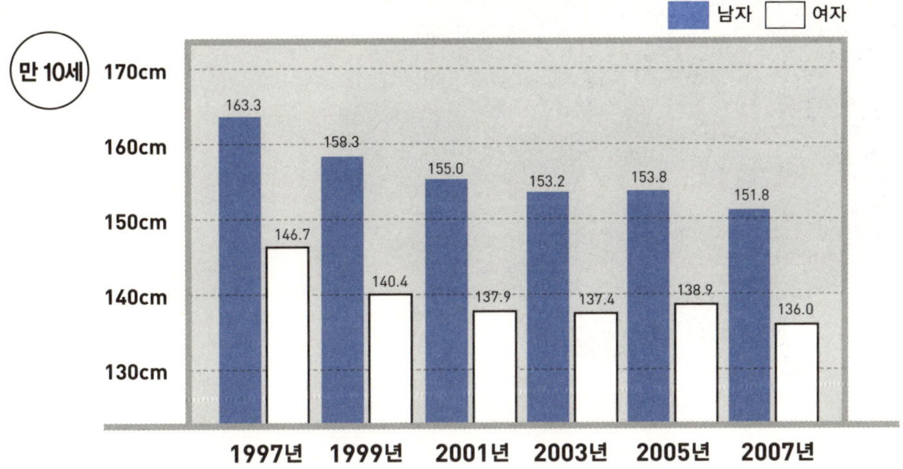

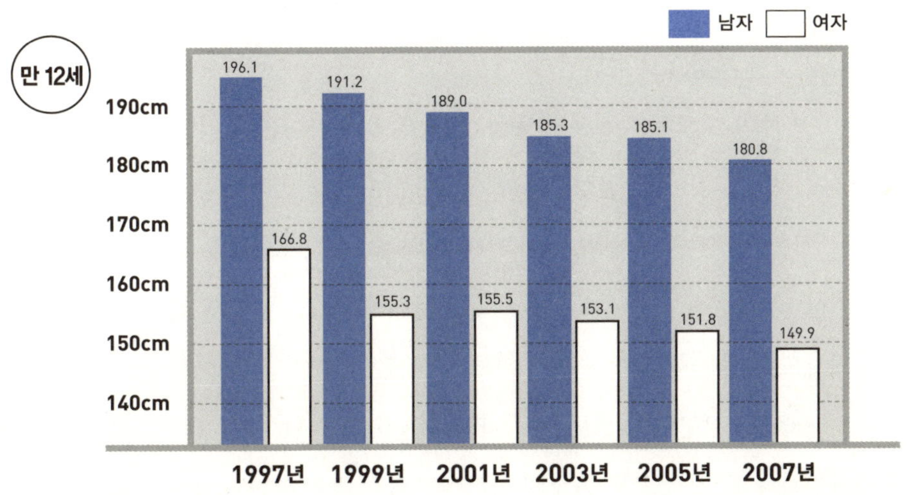

• 자료 인용 : 문화체육관광부 체육국

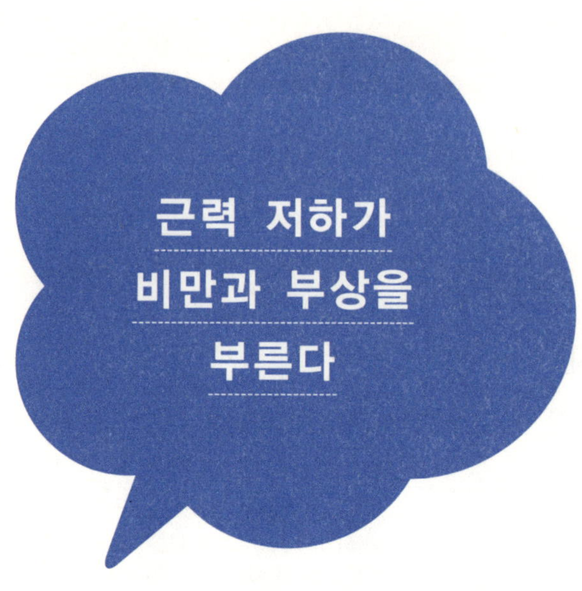

아이들의 근력이 떨어지자 그 악영향이 잦은 부상으로 나타났다.

27쪽의 그래프는 스포츠 활동 중에 일어난 아이들의 외상 및 골절 발생률을 나타낸 것이다. 급성장기에 해당하는 만 11~15세에 부상이 매우 잦다는 것을 알 수 있다. 1982년과 1996년의 수치를 비교하면 약 15년 동안에 외상 및 골절 발생률이 1.5배 정도 증가했다. 점프 동작 후 착지 시 일어난 외상도 크게 늘어났다.

아이들의 근력이 떨어진 시기와 부상이 늘어난 시기가 일치하는 것은 당연하다. 근력은 모든 동작의 기본이므로 근력이 약하면 쉽게 다칠 수밖에 없기 때문이다. 근력 저하와 부상의 상관성은 3장에서 자세히 설명하겠다.

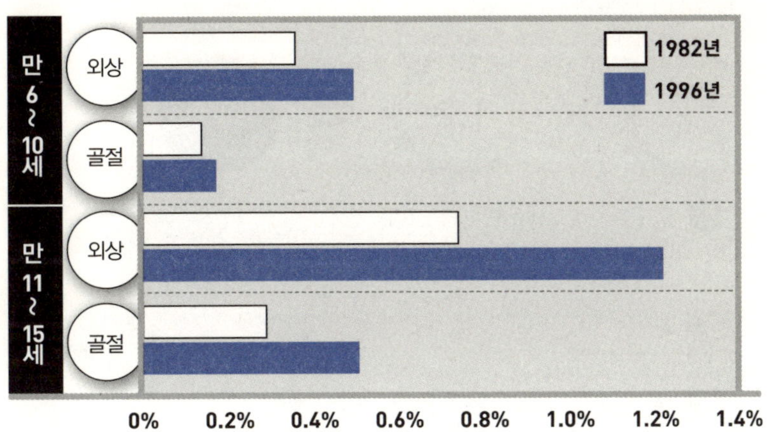

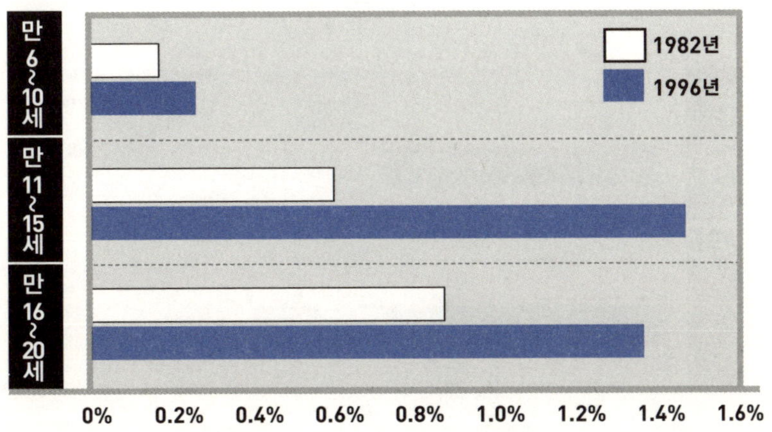

• 자료 인용 : 문부과학성 학교보건 통계조사

예 평균 체중이 24kg(만 7세 남아)인 경우
24kg × 1.2 = 28.8kg 이상이면 비만아로 본다.

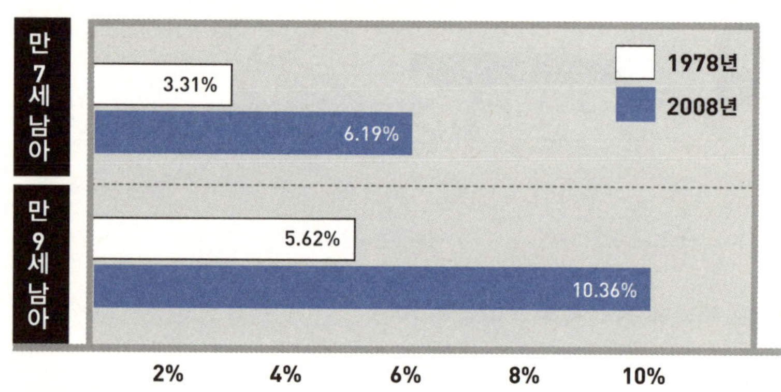

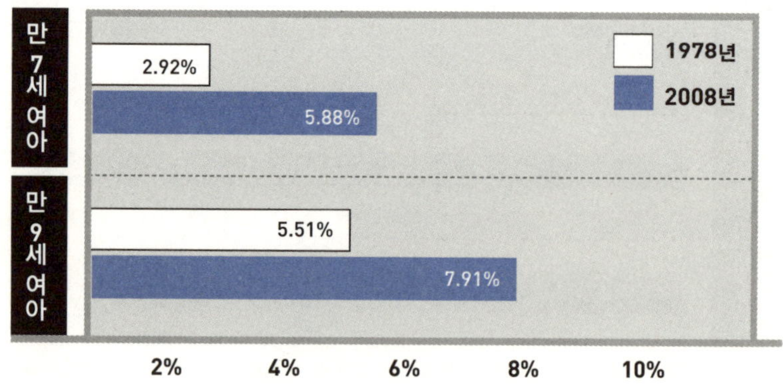

• 자료 인용 : 일본 문부과학성

아이들의 근력 저하가 가져온 또 다른 문제는 비만이다. 주변을 보더라도 뚱뚱한 아이들이 꽤 많다. 과거에도 살찐 아이들은 있었지만 그래도 한 반에 한두 명에 불과했다. 그런데 그 비율이 갈수록 증가하고 있다.

성인의 비만을 진단하는 기준으로 체질량지수(Body Mass Index, BMI)라는 것이 있다. 체질량지수는 키와 체중을 이용해 비만 정도를 평가하는 지표로, '체중(kg) ÷ [신장(m) × 신장(m)]'으로 계산한다. 이 수치가 25 이상이면 비만으로 진단한다. 체질량지수로 대사증후군도 진단하므로 여러분도 한번쯤 계산해본 적이 있을 것이다.

체질량지수를 계산하는 식과 비만을 진단하는 수치 등은 성인의 체형을 기준으로 만든 것이다. 그런데 아이들은 신체에서 머리가 차지하는 비율이 높기 때문에 계산식이나 수치 등을 그대로 적용할 수가 없다. 게다가 어른처럼 체내 지방이나 근육의 양으로 비만을 진단할 수도 없다.

그래서 문부과학성에서는 아이의 체중이 신장별 표준체중보다 20퍼센트 이상 많은 경우에 비만아로 정의한다. 좀 더 자세히 설명하면 '[체중(kg) − 신장별 표준체중(kg)] ÷ 신장별 표준체중(kg)'으로 비만도를 계산했을 때, 이 값이 0.2 이상인 경우에 비만아라고 한다.

28쪽의 그래프는 1978년과 2008년의 비만아 빈도를 나타낸 것이다. 남아와 여아 모두에서 비만아가 크게 늘었다. 같은 연도에서는 만 7세보다 만 9세에 비만아가 더 많다. 만 7세 남녀, 만 9세 남아의 경우 30년 동안에 비만아가 무려 2배 가까이 증가해 2008년에는 만 9세 남아의 10명 중 1명이 비만아다.[*]

---

[*] 2011년 여성가족부에서 실시한 아동·청소년의 비만도 조사 결과에 따르면 한국의 만 9~12세 아동 가운데 비만아는 7.8퍼센트(경도비만 4.7%, 중등도비만 2.9%, 고도비만 0.2%)에 이른다.

학부모 공개수업 때 교실을 둘러보면 살찐 아이들이 눈에 많이 띌 것이다. 한 반에 한두 명이던 비만아가 지금은 서너 명이 넘는다. 이런 실정을 알고 나면 아이가 내 어릴 적 나보다 몸집이 더 크다고 마냥 흐뭇해할 수만도 없다. 가만둬도 튼튼하게 자랄 줄 알았던 아이들이 갈수록 몸집만 큰 '속 빈 강정'이 돼가고 있으니 말이다.

아이의 몸은
어른의 몸과 다르다

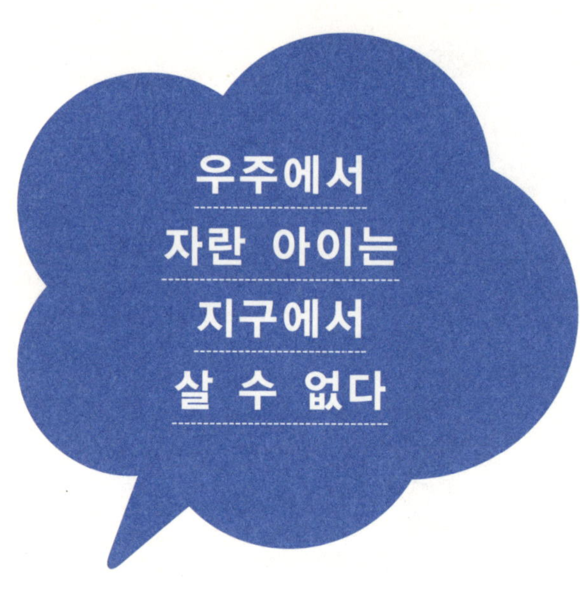

우리 몸은 유전자라는 설계도에 따라 만들어지고 그 설계도대로 자란다. 갓난아기가 젖만 먹고 쑥쑥 크는 것도 그 때문이다. 그러나 아기 몸속의 설계도에 일생 동안의 신체 발달에 관한 모든 정보가 들어 있는 것은 아니다. 부모에게 물려받은 형질도 있지만 태어나서 만들어지는 형질도 있다. 만약 모든 형질이 유전적으로 결정된다면 앞으로 맞이하게 될 환경의 변화에 대처할 수 없기 때문이다.

내 아이들이 살아가야 할 환경은 우리가 살아온 환경과 다를뿐더러 또 계속 달라질 것이다. 지금의 생활환경도 예전과는 엄청나게 다르다. 옛날에는 생일같이 특별한 날에나 외식을 했지만 요즘은 하루에 한두 끼쯤 밖에서 먹는 일이 다반사다. 그 한두 끼가 패스트푸드일 때도 많다. 휴대전화는 일상품으로 자리 잡았고, 당연한 듯 아이들에게도 컴퓨터며 게임기가 주어졌다. 좋고 나쁘고를 따지자는 게 아니다. 불과 몇십 년 사이에 생활방식이 이렇게나 달라졌다는 게 놀랍다는 얘기다.

변화의 속도로 미루어보아 우리 아이들이 어른이 될 무렵에는 세상이 더 빨리 달라질 게 분명하다. 부모와 아이들 세대의 생활 모습이 이렇게 다를 정도니 수 세대 전 조상들이 살던 세상은 지금과 그야말로 하늘과 땅만큼 차이가 날 것이다.

유전자는 대대손손 대물림된다. 만약 설계도의 일부를 수정하거나 추가할 수 없다면 격변하는 환경에서 인류는 살아남기 어렵다. 최근 유전자 연구에서도 환경이 생명체의 유전자 발현에 영향을 미치는 것으로 밝혀졌다. 유전자 중에는 특정 환경과 상호 작용하여 형질을 발현시키는 것이 있다. 태어난 후 다양한 환경에 노출되면 그 환경에 맞는 유전자가 활동한다. 이는 유전자의 형질 발현에 환경이 큰 영향을 미친다는 것을 의미한다.

쉽게 말해 인체의 모든 특성이 부모에게 물려받은 유전자에 의해 일방적으로 결정되지는 않는다는 것이다. 후천적으로 선택 가능한 형질의 비율이 어느 정도인지는 명확하지 않지만, 설계도의 큰 틀은 그대로 유지하면서 최소한의 변경만으로 환경에 적합한 강한 몸을 만들 수 있다.

우주에서 나고 자라면 신체는 중력이 없는 환경에서 생활하는 데 적합한 기능을 갖추게 된다. 그런 기능을 구체적으로 서술하기는 어렵지만 적어도 지구인처럼 중력에 저항하면서 자세를 유지하거나 움직이기 위한 기능은 없어도 된다. 지구 중력의 6분의 1밖에 되지 않는 달에서 자라면 아무리 좋은 우주선이 있더라도 지구로 여행도 갈 수가 없다. 우주에서 나고 자란 몸으로는 지구에서 살 수 없기 때문이다.

우주를 예로 든 건 지나치다고 할지 모르겠으나 그만큼 인간의 몸은 환경에 따라 다르게 성장한다. 만약 어릴 때부터 몸을 많이 움직이지 않아도 되는 환경에서 자라면 신체의 구조와 기능 역시 비활동적인 환경에 적합하게 발달한다.

일란성쌍둥이만 봐도 그렇다. 그들은 유전적으로 동일하므로 커서도 똑같은 외모를 갖게 되고 병에 걸리더라도 같은 병을 앓게 될 것이다. 그러나 실제로는 그렇지 않다. 유전자가 같더라도 서로 다른 환경에서 자라면 신체적 특징에도 차이가 난다. 일란성쌍둥이의 양육 환경을 인위적으로 조절할 수는 없으므로 단정적인 자료는 없지만, 환경이 다르면 신체적·행동학적 특징이 서로 다르게 나타날 수 있다는 사실만은 분명하다.

'놀이 부족'이 '골골'한 아이를 만든다

아이들의 몸집은 나날이 커지는데 근력은 계속 떨어지기만 한다. 이 기이한 현상이 과연 아이들의 몸이 환경 변화에 적응하기 위해 노력한 결과일까? 큰 몸집과 약한 근력이 요즘의 환경에 알맞다면 딱히 할 말은 없다.

그런데 왜 요즘 아이들은 몸을 조금만 움직여도 자꾸 다치는 것일까? 나도 어릴 적에는 자주 넘어지고 떨어졌지만 살갗이 벗겨지거나 심해야 찢어지는 정도였다. 그런데 요즘 아이들은 돌부리에 걸려 넘어지거나 계단을 내려오다가도 발목을 삐거나 뼈가 부러진다. 이런 모습을 보면 아이들의 몸이 환경에 적합하게 발달했다고 하기는 어렵다.

그 이유는 무엇일까? 앞에서도 말했지만 유전자에는 환경의 변화에 맞춰 후천적으로 획득 가능한 형질이 있다. 그런데 그 형질을 제대로 선택하지 못하고 있다. 환경에 맞춰 설계도를 일부 수정하거나 보완하려면 환경의 특징을 파악해야 하는데, 그에 대한 정보가 터무니없이 부족하기 때문이다.

새로운 정보를 얻으려면 환경을 몸으로 겪어야 한다. 다시 말해 몸을 움직여 놀면서 자신이 속한 환경의 다양한 요소들을 확인하고 그에 관한 정보를 유전자라는 설계도에 입력해야 한다. 그래야 환경에 적응하는 데 필요한 형질이 발현된다. 만 11~15세에 외상 발생률이 높은 이유도 부상에 강한 몸을 만드는 데 필요한 환경 정보를 초등 저학년 이전에 충분히 습득하지 못해서다.

몸집은 크고 근력과 뼈는 약한 신체 불균형이 심해지는 이유도 놀이를 통해 필요한 정보를 얻을 기회가 터무니없이 부족해서다. 여기서 말하는 놀이는 게임기나 컴퓨터를 이용하거나 표정이나 말로 하는 놀이가 아니다. 몸을 마음껏 사용해 노는 신체 활동, 즉 몸 놀이를 말한다.

집 밖에서 몸을 움직여 놀 기회가 줄어든 가장 큰 원인은 아이들이 게임에 빠진 탓이 아니라 실은 어른이 만든 환경 탓이다. 안전 염려증에 걸린 어른들 때문에 동네 놀이터나 공원에는 위험한 놀이기구가 하나도 없다. 밖에 나가 놀더라도 어른의 시야를 벗어나지 않는 범위 안에서만 놀아야 한다. 이런 부모들의 눈치를 살피느라 어린이집이나 유치원에서도 아이들에게 최대한 안전한 놀이만 시킨다.

부모라면 누구나 내 아이가 안전한 환경에서 안전한 놀이를 하면서 튼튼하게 자라기를 바랄 것이다. 그게 정말 가능한 일인지는 우리 어린 시절을 떠올려보면 알 수 있다. 우리는 곧잘 달음박질을 하거나 흙바닥에서 구르며 놀았다. 누가 더 높은 데서 뛰어내릴 수 있는지 내기도 했다. 그러다가 다치기도 했지만 헤아릴 수 없이 많은 것들을 몸으로 익혀서 배웠다.

이렇게 밖에서 뛰놀다 보면 자연히 환경으로부터 자극을 받게 된다. 그 자극을 극복하는 과정에서 근력도 자란다. 아이들의 근력이 떨어진 원인도 결국 운동 부족, 놀이 부족 탓이다. 놀이도 마치 일처럼 해야 하니 마음 놓고 놀 곳도, 실컷 놀 기회도 점점 더 줄어들고 있다.

몸으로 놀지 않으면 에너지 소비도 줄어든다. 많이 먹고 적게 움직이면 살이 찔 수밖에 없다. 신체 활동량이 부족한 생활습관이 비만아를 늘리고 있는 것이다.

'걷기'는 일상적인 신체 활동이나 운동의 양을 파악하는 기준이 된다. 하루에 얼마나 걷는지를 조사한 결과를 보면 초등학생 남아의 경우 1980년 대에는 하루에 약 2만 보를 걸었지만 2000년대에는 약 1만 6000보로 감소했다. 잘 걷지도 않는다면 놀이나 운동은 말할 것도 없다. 이렇게 아이들의 운동 부족 현상이 갈수록 심해지고 있다.

어른들이 만든 환경 탓에 아이들은 잘 움직이지도, 놀지도 못하게 되었다. 그렇다고 편하고 풍요로운 생활을 위해 시간과 노력을 들여 이루어낸 환경을 쉽게 바꿀 수는 없다. 옛날이 좋았다고 옛날로 돌아갈 수도 없지 않는가. 지금이야말로 부모가 나설 차례다. 내 아이가 잘 다치지 않고 지나치게 살찌지 않게 하려면 아이에게 의도적으로 자극을 주어야 한다. 그 의도적인 자극이 바로 '어린이 근력 트레이닝'이다.

어른들은 약해진 근력을 되찾기 위해 근력 트레이닝을 한다. 이제는 아이들에게도 근력 트레이닝이 필요하다. 부족한 운동을 채우기 위해서다. 따라서 아이들이 하는 근력 트레이닝은 어른들이 하는 근력 트레이닝과 목적과 내용이 다르다.

이름은 똑같은 근력 트레이닝이지만 아이들이 하는 근력 트레이닝에서는 바벨이나 운동 기구를 사용하지 않는다. 혈관이 밖으로 솟거나 땀이 흐를 만큼 격렬하게 하지도 않는다. 밖에서 몸을 사용해 놀면 얻을 수 있는 정도의 근력만 기르면 된다. 그러니 아이들이 감당 못할 만큼 무리하게 시키지 않는다.

격렬한 운동은 아니지만 잘못 지도하면 목적도 이루지 못하고 오히려 아이들 몸에 손상만 입히게 된다. 내가 아이의 전속 트레이너가 되었다고 생각하고 지금부터 설명하는 내용을 꼼꼼히 읽길 바란다.

근력 트레이닝을 안전하고 효과적으로 지도하려면 맨 먼저 '아이의 몸은 어른의 축소판이 아니다'라는 사실을 정확히 인지해야 한다. 아이의 몸은 어른의 몸과 전혀 다르다. 어른과 다른 생물체라고 생각해도 될 정도다.

몸이 다르면 근력 트레이닝의 목적도 달라진다. 목적이 다르면 효과도 달라진다. 그러니 아이에게 어른과 똑같은 종목을 시켜도 어른과 똑같은 효과를 얻을 수는 없다. 어른이 하는 종목을 아이가 능숙하게 해낸다면 오히려 위험하다. 능력에 부치는 동작을 하면 몸에 무리가 가기 때문이다.

아이들의 몸은 어른이 될 때까지 계속 변한다. 다른 말로 하면 '성징'하는 것이다. 한참 자라는 아이들의 근육과 뼈가 어른의 근육과 뼈를 크기만 줄인 것과 같을 수는 없다. 우리 몸에서 근육이 어떻게 생기고 자라는지 알면 이해가 될 것이다.

인간의 몸은 수정란이라는 하나의 세포에서부터 시작된다. 수정란이 분열하는 과정에서 근육세포의 바탕이 되는 덩어리가 생긴다. 이것이 팔이나 다리 같은 부위로 이동하여 근육이 만들어진다. 수정 후 어느 단계에서 근육이 생성되는지는 아직 확실히 밝혀지지 않았다.

근육세포는 몇백 개에 이르는 작고 둥근 세포가 서로 달라붙어 만들어진다. 가늘고 긴 실 같은 모양을 하고 있어 근육섬유라고 불린다. 근육섬유는 본래 여러 개의 작은 세포들로 이루어졌기 때문에 크기가 크고 핵이 많다. 길이가 10센티가 넘는 것도 있다. 이것이 근육섬유가 인체를 구성하는 일반 세포들과 확연히 다른 점이다.

일반 세포는 세포마다 핵이 하나씩 있어서 손상되면 죽고 새로운 세포로 교체된다. 반면 근육섬유는 세포들의 집합체이므로 일부가 손상돼도 그 부분을 계속 복구해서 살 수 있다. 이런 시스템이 없다면 한 번에 다량의 세포가 죽을 수 있기 때문이다.

근력 트레이닝으로 근육이 비대해진다는 것은 근육섬유 한 가닥 한 가닥이 굵어진다는 것을 뜻한다. 최근 연구에서 근육섬유가 굵어지면 그 속에 들어 있는 핵의 수가 늘어난다는 사실이 밝혀졌다. 근력 트레이닝을 하면 근육섬유 밖에 있는 다른 세포가 근육섬유와 결합해 핵을 공급한다는 것이다.

인간은 머리, 관절, 근육 등 신체의 기본 구조를 다 갖추고 태어난다. 지금 막 태어난 아기도 팔다리에 근육이 있다. 게다가 이미 어른과 거의 같은 수의 근육세포를 가지고 있다. 태어나서 어느 시기까지는 근육세포가 늘어난다는 견해도 있지만 태어난 시점에 근육세포는 이미 성인만큼 들어 있다고 생각해도 된다. 다만 갓 태어난 아기는 몸집이 작으므로 세포의 크기 역시 작다. 아기가 자라서 점점 몸집이 커지는 것은 근육섬유의 수가 늘어나서가 아니라 작았던 세포의 크기가 커져서 근육섬유가 굵어지기 때문이다.

근육섬유의 또 다른 특징은 환경에 따라 굵어지거나 가늘어진다는 점이다. 외부의 자극을 받으면 다음에 그와 똑같은 자극을 받았을 때 견뎌낼 수 있도록 근육섬유가 굵어진다. 굵어지는 이유는 근육이 내는 힘이 근육섬유의 단면적에 비례하기 때문이다. 근육섬유는 외부의 자극을 기준으로 자신이 얼마나 굵어져야 하는지를 판단한다. 다시 말해 근육섬유는 자극을 받아야 비로소 힘이 얼마나 필요한지 알고 그에 적합한 굵기가 된다. 가슴

아기

수정란이 분열 및 증식하는 과정에서 근육의 바탕이 되는 덩어리가 팔다리 등으로 이동해 근육이 만들어진다. 태어난 시점에서 이미 성인과 거의 같은 수의 근육세포를 가지고 있다.

유아

근육세포가 굵어지면서 몸집도 쑥쑥 커진다. 근육의 속근섬유와 지근섬유는 아직 각각의 특성이 나타나지 않은 상태로, 모두 지근섬유로 사용된다.

초등학생

초등 고학년 정도가 되면 비로소 지근섬유와 속근섬유가 제 특성에 맞게 기능하기 시작한다. 그래서 이 무렵에는 순발력이 필요한 단거리달리기를 잘하는 아이와 지구력이 필요한 장거리달리기를 잘하는 아이로 나뉘게 된다.

중학생

성인과 거의 동일한 방식으로 근육을 사용할 수 있게 된다. 그러나 성장기라서 성인과 마찬가지 수준으로 근육을 단련하기에는 아직 이르다.

이 두껍거나 팔이 굵은 사람은 일상적인 신체 활동이나 근력 트레이닝을 통해 그만큼 근육에 자극을 준 덕분에 근육이 발달한 것이다. 이처럼 근육섬유는 환경에 적응하는 능력이 뛰어나다.

그런데 아이들의 근육섬유는 어른의 근육섬유와 달리 외부의 자극이 있어야만 굵어지는 것은 아니다. 아이들의 몸은 유전정보에 따라 발달하기 때문에 필요한 수준까지는 근육섬유가 굵어진다. 그래서 아기들도 잠깐 새에 손발을 자유롭게 움직일 수 있는 것이다. 그러나 환경의 자극을 받지 못하고 유전정보대로만 성장한다면 마치 우주에서 자란 아이같이 근육이 약해 제 몸 하나도 제대로 지탱할 수 없게 된다.

갓난아기 몸에는 성인과 거의 동일한 수만큼 근육섬유가 있다. 태어나자마자 그 많은 근육섬유가 커지기 시작한다. 여기에는 미오스타틴(myostatin)이라는 물질이 관여한다. 미오스타틴은 몸에서 근육의 분화와 성장을 억제하는 일을 한다. 아기가 태어나면 이 물질의 분비량이 크게 줄어든다.

아기가 엄마 배 속에 있을 때 너무 많이 자라면 출산이 어렵다. 그래서 태아는 신체가 지나치게 발달하지 않도록 어느 시점부터 미오스타틴을 왕성하게 분비해 근육의 성장을 억제한다. 특히 출산이 가까워지면 다량으로 분비해 몸이 더 커지지 않도록 제동을 건다. 일시적으로 발육을 억제하는 셈이다.

아기가 태어나면 그 제동이 풀린다. 태어나자마자 미오스타틴의 분비량이 급격히 줄어들고, 이와 동시에 근육세포가 커지면서 쑥쑥 자라기 시작한다. 미오스타틴은 줄어들다가 아이의 성장에 맞춰 다시 늘어난다. 이때부터는 근육의 과도한 발달을 막는 일을 한다. 근육은 단련을 통해 굵고 강해지는 것이 좋지만 균형 있게 발달하지 못하면 오히려 신체에 부담이 되기 때문이다. 그래서 일종의 브레이크 역할을 하는 것이다. 어른도 근력 트레이닝을 하면 일시적으로 미오스타틴의 분비량이 줄어들기 때문에 근육이 비대해진다.

태아 적에 미오스타틴의 분비량이 적으면 우량아로 태어날 수 있다. 아기가 크거나 작게 태어나는 것은 단순히 영양의 문제가 아니라 미오스타틴의 분비량과도 관계가 있다. 그러니 조산아가 아니라면 출생체중에 너무 신경 쓰지 않아도 된다. 크게 태어났다고 크게 자라고 작게 태어났다고 작게 자라는 것은 아니기 때문이다.

유전자 변이로 인해 인체가 미오스타틴을 생성하지 못하는 경우도 있다. 현재까지 보고된 사례는 두 건으로, 그중 하나는 2004년에 독일 의사가 발견했다. 그 아기는 출생체중이 4킬로그램이 조금 못 됐지만 초음파검사 결과 근육량이 보통 아기의 약 2배나 됐다. 생후 6개월에 걸음마를 시작해 3살 때는 3킬로그램짜리 덤벨을 들었다고 한다. 근육이 많은 까닭에 서서 걷기까지의 발달 속도도 보통 아이들보다 2배 정도 빨랐다. 이 아기의 이야기는 '슈퍼 베이비'라는 제목으로 신문에 실리기도 했다.

미오스타틴 분비와 관련된 유전자 변이는 200명에 1명꼴로 나타난다. 흔한 일은 아니지만, 만약 부모가 모두 이 돌연변이를 가지고 있다면 4만분

의 1의 비율로 근육섬유의 수가 지나치게 많은 아이가 태어날 수 있다. 만약

그 4만분의 1에 속한다면 다른 사람과 똑같은 트레이닝을 해도 근력이 훨씬

더 강해질 것이다. 나면서부터 근육섬유가 많기 때문에 그만큼 운동경기에

서 탁월한 역량을 발휘할 수 있다. 올림픽에 출전하는 선수 중에도 이런 유

형의 유전자 변이를 가진 사람이 있을지도 모르겠다.

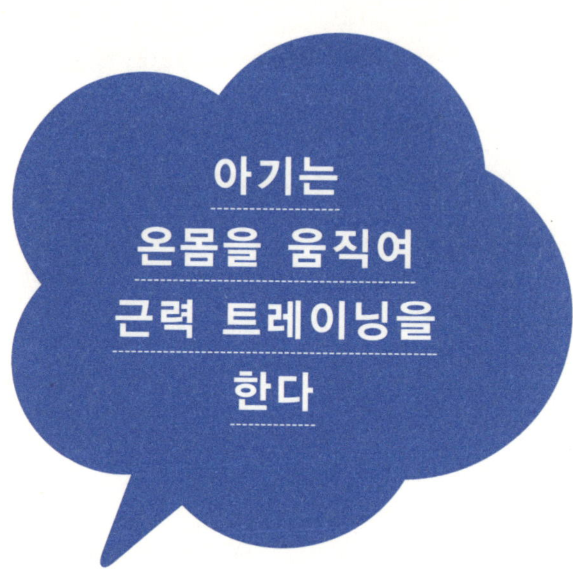

보통 아기들은 슈퍼 베이비처럼 생후 6개월부터 걷지는 못한다. 근육섬유의 수는 어른과 거의 같지만 아직 근력이 부족하기 때문이다. 말은 태어나자마자 걷지만 인간은 그렇지 못하다. 그래서 걷기 전까지는 어른의 보호를 받아야 한다.

아기의 걸음마와 근육 발달 사이의 관계를 설명하는 가설은 두 가지다. 하나는 걷는 데 필요한 근육이 발달한 시점부터 걷기 시작한다는 것이다. 다른 하나는 아기가 사람들의 걷는 모습을 보고 따라 하기 때문에 걷는 데 필요한 근육이 발달한다는 것이다. 어느 쪽이 옳은지 아직 결론은 나지 않았다. 어쨌든 아기는 태어나는 순간 한동안 근육의 성장을 억제하던 제동이 풀리고 그 상태에서 영양을 공급받으면서 스스로 몸을 움직인다. 그러는 사이에 서고 걷는 데 필요한 근육이 만들어진다.

아기가 혼자 설 수 있게 되면 그때부터는 몸을 이리저리 움직여야 한다. 그래야 더 자연스럽고 다양한 동작을 하는 데 필요한 근육을 만들 수 있다. 이런 과정을 되풀이하는 동안에 아기의 근육은 점점 더 커지는 몸집을 지탱할 수 있을 만큼 발달한다.

아기는 때가 되면 스스로 몸을 뒤집고 기어 다니다가 일어선다. 이것이 자연스러운 발육 과정이다. 아기는 먼저 몸을 뒤집고 기어 다니면서 인간이 하는 동작의 기본 축이 되는 큰 근육(신체 중심에 있는 체간 근육)에 자극을 주어 충분히 강하게 만든다. 이렇게 준비를 끝내고 나면 드디어 일어선다.

그런데 일부 부모들은 아기가 몸의 중심도 잡지 못하는데 보행기를 태워서 걸음을 익히게 한다. 한때는 보행기를 이용해 빨리 걷게 하는 것이 좋다는 말도 있었지만 지금은 그렇지 않다. 아기에게 해가 되면 됐지 도움은 되지 않는다. 걷는 데 필요한 근육이 제대로 단련되고 나서 걸어야 신체에 부담이 가지 않기 때문이다.

아기가 기어 다니기만 하고 걸음마가 더디다고 걱정하지 않아도 된다. 발육 속도가 느려서라기보다 아기가 생활하는 환경이 걷기에 적합하지 않기 때문일 수도 있다. 방 안에 아기가 잡고 일어설 만한 것이 많거나 터울이 작은 형제가 있어 그들처럼 걸으려고 애쓰다 보면 빨리 서게 된다.

일찍 걸음마를 시작한다고 그리 좋을 것도 없다. 그보다는 활발하게 몸을 뒤집고 열심히 기어 다녀서 체간 근육을 단련하는 것이 중요하다. 아기가 이리저리 돌아다니면 그만큼 환경에 대한 새로운 정보를 많이 얻게 된다. 아기는 그것만으로도 근육을 충분히 단련할 수 있다. 그 효과가 나타나면 드디어 걷기 시작한다.

요즘 아이들이 과거에 비해 체력이 약한 것은 사실이지만 태어나서 걸음마를 하는 단계까지는 과거나 지금이나 근력에 별 차이가 없다. 여러분도 걷지 못하는 아이가 늘어나고 있다는 말은 듣지 못했을 것이다. 근력 저하 현상이 영유아기에 일어나는 것은 아니라는 뜻이다. 문제는 걷기 시작하면서부터다.

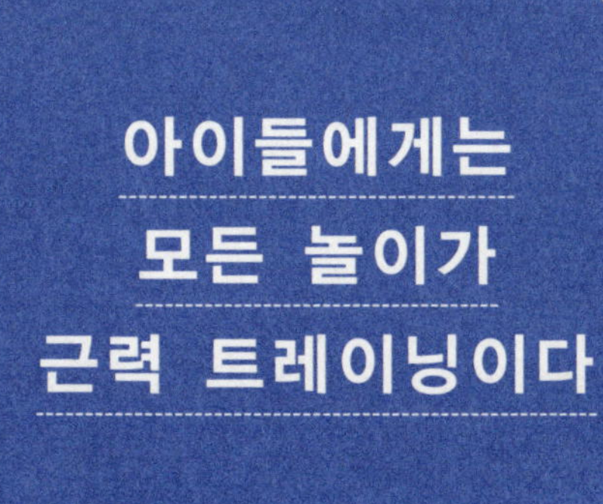

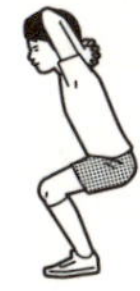

근육섬유에는 몇 가지 유형이 있지만 크게 나누면 속근섬유와 지근섬유가 있다. 이 두 가지는 색에서 차이가 나는데, 속근섬유는 흰색이라 백색 근육, 지근섬유는 붉은색이라 적색 근육으로 불린다.

속근섬유는 오래 버티는 힘은 부족하지만 빠르게 수축해서 큰 힘을 내기 때문에 단거리달리기용 근육이라 할 수 있다. 반면 지근섬유는 수축 속도가 느려 큰 힘은 내지 못하지만 오래 버티는 힘이 좋기 때문에 마라토너형 근육이라 할 수 있다.

그런데 초등 저학년까지는 어느 것이 속근섬유이고 어느 것이 지근섬유인지 구분은 되지만 각각의 특성은 나타나지 않는다. 속근섬유와 지근섬유를 이루는 단백질은 다르지만 그것이 기능적으로 분화되지 않았기 때문이다. 그래서 속근섬유와 지근섬유는 똑같은 방식으로 쓰인다.

자세히 설명하면 성인은 단거리달리기에서는 순발력이 뛰어난 속근섬유를 사용하고, 장거리달리기에서는 지구력이 뛰어난 지근섬유를 사용한다. 그러나 초등 저학년까지는 단거리를 뛸 때든 장거리를 뛸 때든 모두 지근섬유를 사용한다.

쉽게 말해 어떤 운동을 해도 아이들에게는 다 같은 운동이 되는 것이다. 30미터를 달리나 500미터를 달리나 아이들에게는 다 똑같다. 그래서 아이들은 단거리라고 쌩쌩 달리고 장거리라고 천천히 달리는 것이 불가능하다. 장거리도 쌩쌩 달린다. 목표 지점까지 달리는 게 아니라 지쳐서 더는 달리지 못하는 지점이 바로 목표 지점이 된다.

지근섬유는 지구력이 필요한 운동에 적합한데, 근육이 기능적으로 분화되기 전까지는 주로 산소호흡*으로 생성되는 에너지를 이용한다. 제자리높이뛰기를 하건 장거리달리기를 하건 아이들의 몸은 유산소운동을 하는 셈이다. 다시 말해 어떤 운동을 해도 근육이 피로를 잘 느끼지 않기 때문에 운동을 오래 할 수 있다.

"대체 언제까지 뛸 셈이야?" 아무리 뛰어다녀도 아이들은 지친 기색조차 없고, 그런 아이들을 어른들은 쫓아가지 못한다. 이게 다 아이들 근육의 특별한 성질 때문이다. 얼마 걷거나 뛰지도 못하고 헐떡이는 어른들에게는 그런 근육이 부럽기만 하다.

---

* 산소를 이용하는 세포의 호흡으로, 몸속으로 들어온 산소를 이용해 양분을 산화해서 에너지를 얻는 과정이다.

어떤 운동도 아이들에게는 다 같은 운동이다. 게다가 아무리 움직여도 지치지 않는다. 그러니 아이들에게는 '이런 운동을 해라'고 간섭하거나 '저런 운동이 좋다'고 권유하지 않아도 된다. 그저 밖에서 실컷 뛰놀게 하면 그것으로 충분하다. 아이들은 태어나서부터 이미 제 스스로 근력을 키워 왔다. 그래서 몸을 움직일 수 있는 것이다. 우리가 어릴 적에 온종일 놀기 바빴던 것처럼 우리 아이들도 놀아야 한다.

아이들은 신나게 놀기만 해도 근육이 강해지고 근력이 자란다. 아이에게 어떤 운동을 시켜야 좋을지 고민할 필요가 없다는 뜻이다. 그럴 시간 있으면 아이들을 운동장이나 공원에 데리고 가서 원하는 만큼 실컷 놀게 해라.

어린이 근력 트레이닝의 장점을 여러 번 강조하지만 부모들은 여전히 거부 반응을 보인다. 그러나 안심해도 된다. 아이들은 아무리 격렬한 트레이닝을 해도 부모들이 상상하는 것처럼 우람한 근육질 몸매는 되지 않는다.

성장기 이전에 어른과 동일한 강도로 근력 트레이닝을 했을 때 근육에 어떤 변화가 나타나는지를 연구한 결과가 있다. 결과가 다 같지는 않지만 크게 두 가지로 나눌 수 있다. 하나는 아이들이 근력 트레이닝을 하면 근육이 굵어진다는 것이고, 다른 하나는 굵어지지 않는다는 것이다. 근육은 본래 역학적으로 강한 스트레스(자극)를 받으면 굵어진다. 이것은 근육 고유의 성질이므로 어른이나 아이 모두에게 나타난다.

다만 아이들은 근육이 자라 굵어지는 성장기에 있기 때문에 성장이 멈춘 어른과 근력 트레이닝의 효과를 똑같이 비교할 수는 없다. 그렇다고 아이들에게 근력 트레이닝을 시켜서 근육이 자연 성장 범위를 넘어 어느 정도까지 굵어지는지 알아볼 수도 없다.

어린이 근력 트레이닝의 효과가 이처럼 상반되는 이유는 근력 트레이닝을 했을 때 아이들의 근육이 굵어지는 시기와 그렇지 않는 시기가 있기 때문이다. 앞에서 말했듯이 초등 저학년까지는 속근섬유와 지근섬유의 역할이 나누어지지 않는데, 이때는 근력 트레이닝을 해도 근육이 굵어지지 않는다.

근력 트레이닝을 할 때 현저하게 굵어지는 것은 속근섬유다. 두꺼운 가슴근육을 만들려고 온 힘을 다해 바벨을 들어 올리는 것도 가슴에 있는 속근섬유를 키우기 위해서다. 그런데 초등 저학년까지는 대부분의 근육이 지근섬유로 기능하기 때문에 근력 트레이닝을 해도 근육이 굵어지지 않는다. 그때까지 근육이 기능적으로 분화되지 않는 이유도 그 시기에 굳이 근육이 굵어질 필요가 없기 때문일지도 모른다.

초등 저학년까지는 어른과 동일한 강도로 근력 트레이닝을 해도 어른과 똑같은 효과를 얻을 수 없다. 근력 트레이닝을 한다고 성장호르몬이 분비되는 것도 아니며 가슴이 두꺼워지거나 알통이 나오지도 않는다.

그러나 초등 중~고학년 이후에 근력 트레이닝을 하면 근육이 굵어질 수 있다. 이때부터는 속근섬유와 지근섬유가 각각의 특성에 맞게 역할을 분담하기 때문이다. 근육이 굵어진다는 것은 속근섬유가 비로소 속근섬유답게 기능하기 시작했다는 뜻이다. 근력 트레이닝으로 어른처럼 근육을 울룩

불룩하게 만들 수 있는 것은 고등학생 이후부터다.

지근섬유와 속근섬유가 제 역할을 하게 되면 지근섬유는 주로 지구력이 필요한 운동에 쓰이고, 속근섬유는 주로 순발력이 필요한 운동에 쓰인다. 그래서 이 무렵이 되면 개인의 운동 능력의 특징이 두드러지게 나타나기 시작한다. 그 전까지는 특정 종목을 잘하고 못하고가 아니라 운동을 잘하는 아이와 그렇지 못한 아이로 나뉜다.

근육을 구성하는 지근섬유와 속근섬유의 비율은 대개 유전으로 결정된다. 내 아이가 단거리달리기같이 순발력이 필요한 운동을 잘하는지, 장거리 달리기같이 지구력이 필요한 운동을 잘하는지 그 특성이 드러나면 어느 쪽 근육의 비율이 높은지도 알 수 있다.

한창 자라는 아이를 둔 부모라면 사실은 근육보다 뼈에 더 관심이 많을 것이다. 그래서인지 근력 트레이닝이 왠지 아이들의 성장을 방해할 것 같아 걱정부터 앞서는 모양이다.

아이의 근육이 어른의 근육과 다르듯 아이의 뼈도 어른의 뼈와 다르다. 어른 뼈는 말단(골단부)이 완전한 뼈로 이루어져 있지만 아이의 뼈는 말단이 연골 상태다. 57쪽 그림을 보면 장관골(팔과 다리에 있는 긴 뼈)의 양끝이 마주하는 부분에 관절이 있는데, 뼈와 관절 사이에 연골이 있기 때문에 완전히 이어져 있지 않다.

뼈가 성장한다는 것은 그 연골 부분이 자라는 것이다. 뼈의 성장에는 성장호르몬이 많은 영향을 미친다. 특히 IGF-1(인슐린 유사 성장 인자)이라는 물질이 뼈 성장과 밀접한 관련이 있다. 이 물질은 성장호르몬에 자극을 받아 간이나 뼈 주변에서 만들어져서 뼈의 생성을 자극해 발육을 촉진한다.

성장기에 뼈가 자라는 방향으로 압력을 가하면 연골 부위가 손상되거나 변형될 수 있다. 근력 트레이닝이 아이의 성장을 방해한다고 생각하는 것도 이런 이유에서다. 그러나 이 책에서 소개하는 어린이 근력 트레이닝은 골단부가 손상될 정도로 격렬한 운동이 아니다. 그러니 혹시라도 뼈에 악영향이 미칠까 걱정할 필요가 없다.

원래 뼈와 근육의 세포는 같은 종류의 세포 덩어리에서 만들어지기 때문에 성질이 유사하다. 예를 들자면 근육에서 채취한 세포를 시험관에서 배양하면 뼈가 되기도 하고, 자라면서 전신의 근육이 점차 뼈로 바뀌는 희귀 질환도 있다.

뼈도 근육과 마찬가지로 외부 환경으로부터 새로운 정보를 받아들여 강해진다. 다시 말해 큰 부하를 견뎌야 하는 환경에 처해 있다는 것을 뼈 스스로가 알지 못하면 점점 약해진다. 뼈는 자신이 처한 상황에 필요한 만큼만 강해지기 때문이다. 그러니 뼈를 충분히 사용해 자극을 주지 않으면 강해질 필요성을 느끼지 못해 약해지고 만다.

중력이 없는 우주에서는 뼈에 가해지는 압박이 줄어들어 뼈가 가늘어지고 부러지기 쉬운 상태가 된다. 심하면 구멍이 숭숭 난다. 우리 몸은 생존을 위해 제 스스로 불필요한 것을 줄이거나 성장을 억제하기 때문이다. 우주인의 뼈가 엉성하다면 그것도 다 생존 전략인 셈이다.

지구에 사는 우리가 뼈를 튼튼하게 만들 수 있는 가장 간단한 방법은 근육을 단련하는 것이다. 근육이 강해지면 그만큼 근육이 내는 힘이 세지기

::: 아이의 뼈와 어른의 뼈

아이의 뼈

아이의 뼈는 장관골과 관절을 연결하는 부분이 연골로 되어 있다.
이 연골 부분이 자라 뼈가 성장한다.

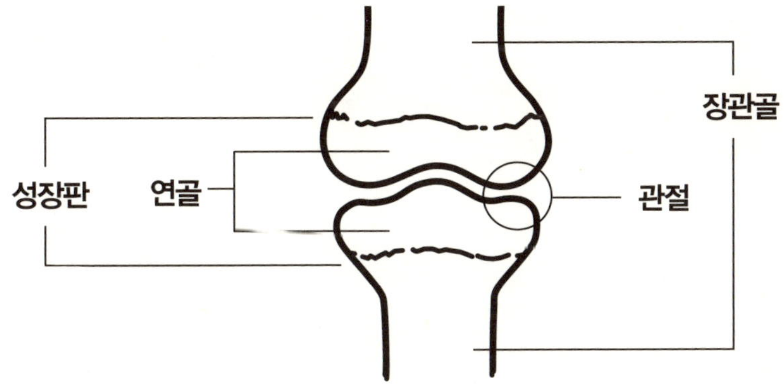

어른의 뼈

연골 부분이 완전히 단단한 뼈로 변하면 성장이 멈춘다.
아이의 성장판은 X선 사진에서 검게 나타나지만 어른은 성장판이
닫혔기 때문에 그 부분이 하얗게 보인다.

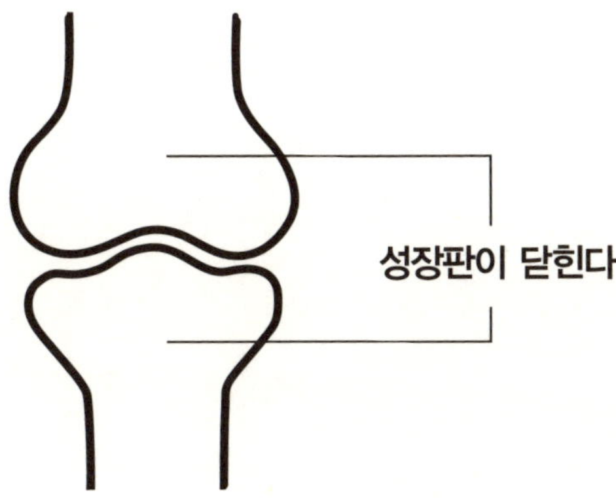

때문에 이에 상응해 뼈도 강해진다. 반대로 근육이 약하면 뼈도 약해진다.

아이들은 밖에서 실컷 뛰어놀기만 해도 근육과 뼈가 충분히 강해진다. 이때 적당히 햇빛을 쐬는 것이 좋다. 햇빛을 쐬면 피부에서 비타민D가 합성되는데, 이것이 뼈의 성장을 돕기 때문이다.

근력이 강해지면 두뇌 활동도 활발해진다

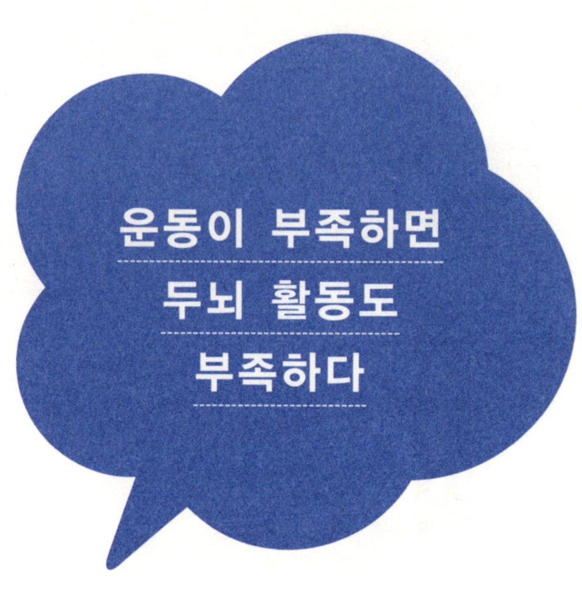

요즘 아이들이 잘 다치는 원인은 근육과 뼈가 약해 신체를 보호하거나 지탱하지 못해서다. 그런데 또 다른 원인이 있다. 우리 몸의 감각기관에서 수용한 자극(환경의 변화)은 신경을 통해 뇌로 전달되는데, 여기서 내린 명령이 근육에 정확히 전달되지 못하기 때문이다.

예를 들어보자. 길을 가다가 눈앞에 돌부리가 보이면 걸려 넘어지지 않으려고 피해 간다. 그때 하는 다리 동작은 일반적인 걸음걸이와 다르다. 사실 그 동작은 타고난 것이 아니라 어렸을 때 뇌에 입력된 후천적인 것이다.

돌부리에 걸려 넘어지지 않는 것은 돌부리라는 자극을 뇌로 전달하고 돌부리를 피해서 가라는 뇌의 명령을 근육(몸)에 전달하는 정보 전달 시스템

덕분이다. 감각기관이 자극을 인식하면 그에 대한 정보를 종합 분석하여 근육을 통해 반응할 수 있도록 매개해주는 부위가 바로 '신경계', 즉 정보 전달 시스템이다.

운동이 부족하면 근력만 떨어지는 게 아니라 신경계도 충분히 발달하지 못한다. 많이 움직여 놀아야 뇌 활동도 활발해진다는 뜻이다. 두뇌 활동이 부족하면 재능도 변변히 발휘할 수 없다. 물론 우리 부모가 머리 좋아지라고 우리를 밖에서 놀게 했던 건 아니다. 놀다 보니 근육과 뼈가 튼튼해지고 두뇌까지 단련된 거다.

인간은 태어나자마자 신경계가 발달하기 시작한다. 태어난 후에 뇌세포가 얼마나 더 증가하는지는 모르지만 근육세포와 마찬가시로 태어났을 때 이미 어른과 비슷한 수의 뇌세포가 생성돼 있다. 뇌 속의 신경세포도 140억 개 정도 된다고 한다. 그러나 세포가 있다고 해서 뇌가 기능하는 것은 아니다. 신경세포 사이에 연락망이 만들어져야 비로소 뇌가 기능을 할 수 있다.

갓난아기의 뇌는 새 컴퓨터와 같다. 하드디스크의 용량은 충분하지만 장치 드라이버나 응용프로그램이 설치돼 있지 않다. 응용프로그램이 없는 컴퓨터는 빈 상자나 다름없다. 간단한 계산조차 하지 못하기 때문이다. 갓난아기의 뇌도 그런 수준이다.

프로그램을 입력하려면 어떻게 해야 할까? 컴퓨터에 명령어를 입력할 때는 키보드를 사용하지만 인간은 제 몸을 사용한다. 행동을 하면 뇌에 프로그램이 만들어진다. 해부학자인 요로 다케시(養老孟司) 선생에 따르면 갓난아기가 제 손을 들여다보고 즐거워하는 것도 뇌에 프로그램을 입력하는 행동이라고 한다.

뇌는 자신이 내린 명령이 제대로 실행됐는지 확인해야만 그에 관한 프로그램을 생성한다.

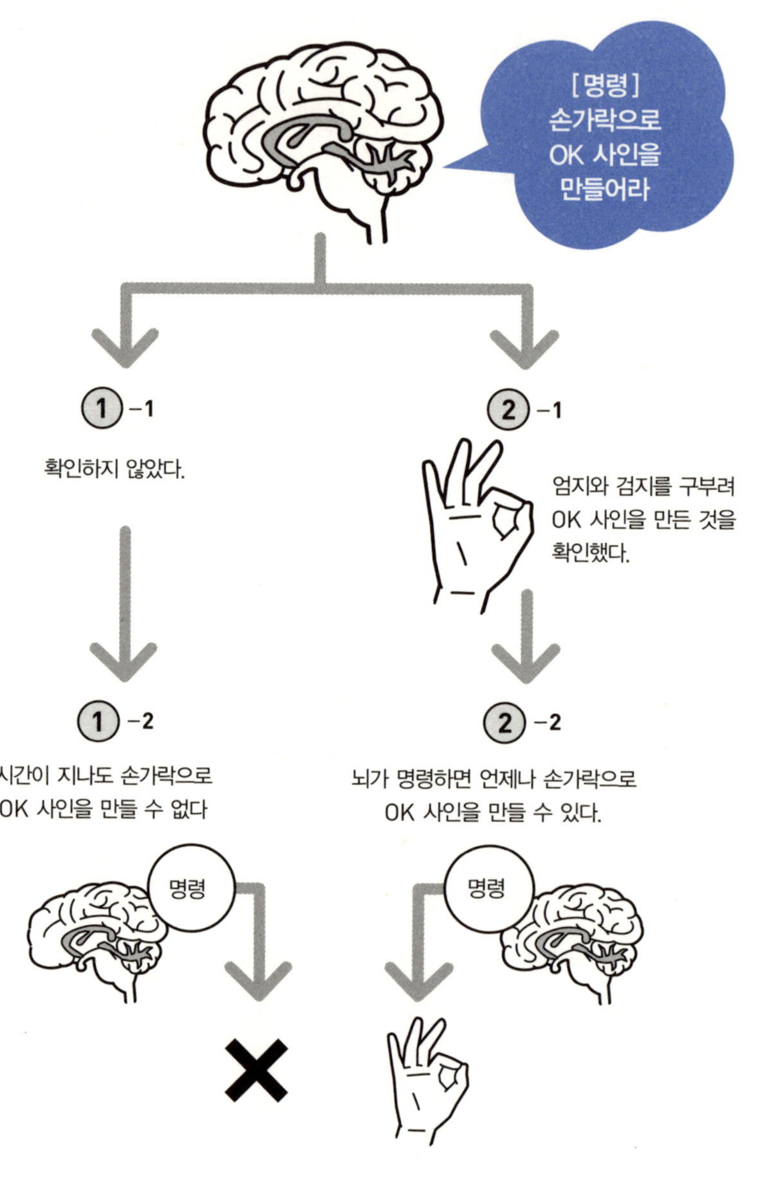

뇌는 출력 의존형 시스템이다. 어느 기능을 수행하고 나서야 그 기능을 획득할 수 있는 구조로 되어 있다. 손가락을 움직이는 것은 단순한 동작이지만 획득 과정은 단순하지 않다. 뇌에서 손가락을 움직이라는 명령을 내리고 이 명령대로 정말 손가락이 움직이는 것을 확인하고 나서야 비로소 손가락을 움직이는 프로그램이 뇌에 입력된다. 뇌가 '손가락을 움직여야지'라고 생각만 해서는 아무리 기다려도 손가락을 움직이는 프로그램은 만들어지지 않는다.

갓난아기에게도 손가락을 움직이는 데 필요한 신경세포는 있지만, 그 세포를 연결하는 프로그램이 없다. 실제로 근육을 작동해서 손가락을 움직여보고, 손가락이 정말 움직이는 것을 경험해야 그에 관한 프로그램이 만들어진다. 이런 작은 프로그램들을 하나씩 획득해가야 신경계가 발달한다.

젓가락으로 반찬을 집는 것이나 야구공을 던지는 것, 수학 계산을 하는 것도 모두 이런 실행과 실패, 경험이 쌓여 얻은 결과물이다. 평소에 하는 대수롭지 않은 동작들도 사실은 태어나서 몇 번이고 되풀이하는 동안에 몸에 익혀진 것들이다.

　　　　　　　　　　　과학이 발달했지만 인간의 뇌는 여전
히 신비에 쌓여 있다. 뇌는 상상 이상의 처리 능력으로 아주 복잡한 작업도
간단히 해낸다. 손을 움직이는 모습을 예로 들어보자. 동작은 간단하지만
프로그램이 생성되기까지의 과정은 결코 간단하지 않다.

　먼저 대뇌에서 고등 인지능력을 주관하는 전두엽이 운동령(근육이 수축하
는 자극을 일으키는 대뇌피질의 부분)에 "손을 움직여!"라고 명령한다. 명령을 받
은 운동령은 손의 근육으로 연결된 척수의 운동신경세포에 "손을 움직이는
데 필요한 운동신경을 활성화하라"고 명령한다. 이 명령에 따라 손의 근육
을 수축시키는 운동신경이 작용하면 비로소 손이 움직인다.

　하나의 동작을 완성하려면 이처럼 여러 단계의 연락망을 거쳐야 한다.

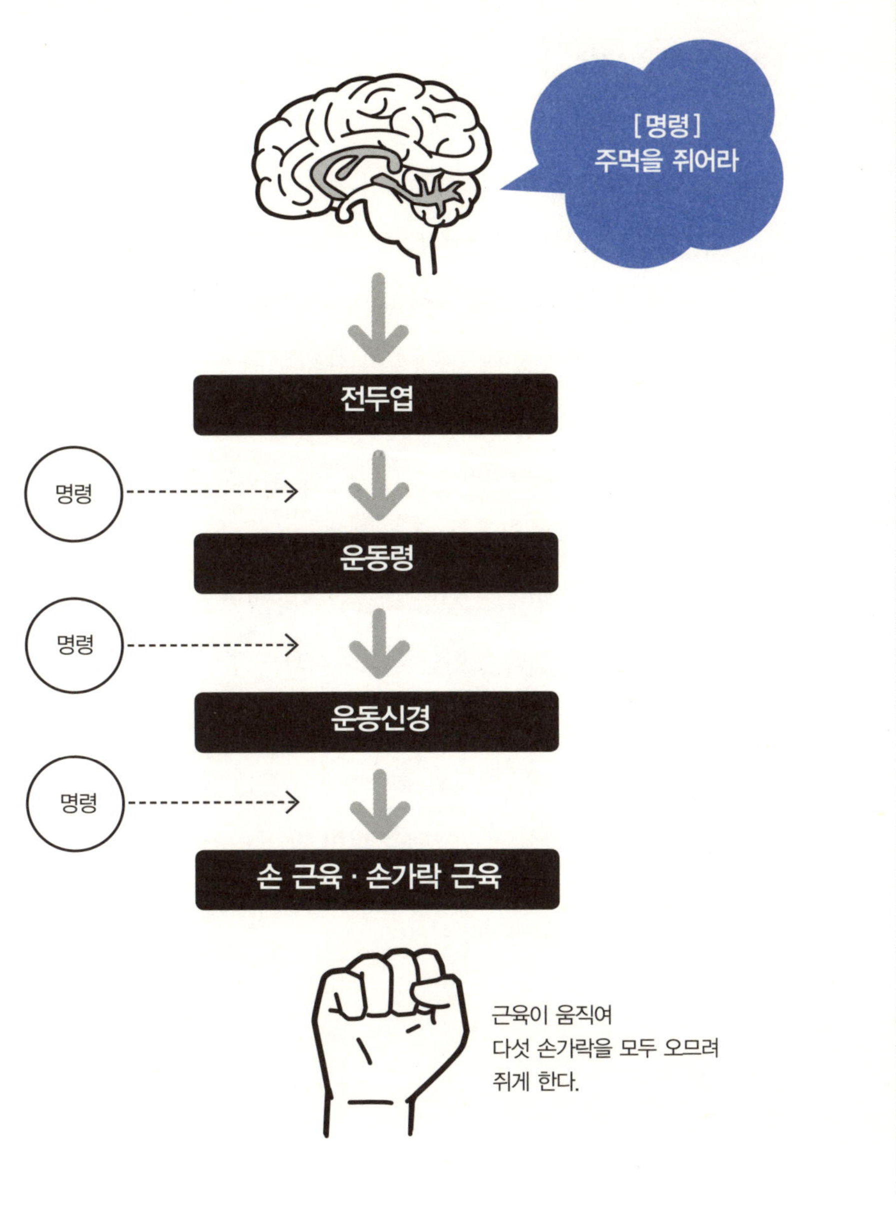

[명령]
주먹을 쥐어라
전두엽
명령
운동령
명령
운동신경
명령
손 근육 · 손가락 근육
근육이 움직여
다섯 손가락을 모두 오므려
쥐게 한다.

복잡한 동작을 할 수 있는 신경세포가 있어도 그것을 운용하는 프로그램이 없으면 평생 그 동작을 할 수가 없다. 별생각 없이 손이나 손가락을 움직이지만 사실은 뇌에 이미 손이나 손가락을 움직이는 프로그램이 들어 있기 때문에 가능한 일이다. 공 던지기같이 몸 전체를 사용하는 동작을 하려면 여러 단계의 연락망을 갖춘 프로그램이 필요하다.

하나의 동작에서도 부분적으로 움직임이 다르면 그때마다 각각에 맞는 프로그램이 구동한다. 예를 들어 손으로 물건을 잡을 때도 엄지와 집게손가락만 사용할 때와 가운뎃손가락까지 사용할 때가 있다. 별 차이가 없어 보이지만 움직임이 다르면 연락망도 달라진다. 우리는 다양한 경험을 통해 이처럼 여러 상황에 대응할 수 있는 프로그램을 획득해간다.

몸을 움직여 놀면 근육과 뼈가 튼튼해지고 덤으로 뇌도 깨어난다. 반대로 말하면 그런 경험이 적으면 뇌에 입력되는 프로그램도 얼마 되지 않는다. 지적 능력이 아무리 뛰어난 사람이더라도 평생 동안 뇌의 일부분만 사용할 뿐이라고 하니 아이가 놀이를 통해 뇌에 아무리 많은 프로그램을 입력해도 컴퓨터의 하드디스크처럼 용량이 모자라는 일은 없다. 몸으로 놀면 놀수록 신체 동작에 관한 프로그램을 많이 만들 수 있다. 특히 갓난아기의 뇌는 백지와 같아 얼마든지 다양한 프로그램을 입력할 수 있다.

뇌에 특정 프로그램이 만들어지면 이것을 신속하게 구동할 수 있도록 복잡한 신경회로의 연락망을 정리한 부분 프로그램이 생성돼 필요할 때마다 반복해서 쓰인다. 이 부분 프로그램은 소뇌에 저장되는 것으로 추측된다. 신체 동작이 유연하고 자연스럽게 이루어지는 것은 이 부분 프로그램 덕분이다.

예를 들어보자. 똑같이 손으로 하는 동작이지만 글씨를 쓸 때는 물건을 쥘 때와 손이 다르게 움직인다. 그렇다고 글씨를 쓸 때마다 '지금부터 엄지와 집게, 가운뎃손가락을 오므려 연필을 잡는다'고 생각하지는 않는다. 매번 방법을 떠올리지 않아도 저절로 손동작이 이루어지는 이유는 글씨를 쓰는 데 필요한 부분 프로그램이 구동해 글씨를 쓰는 동작에 맞게 근육이 움

인간

뇌

① 걸어!

걷는다

로봇

하드디스크

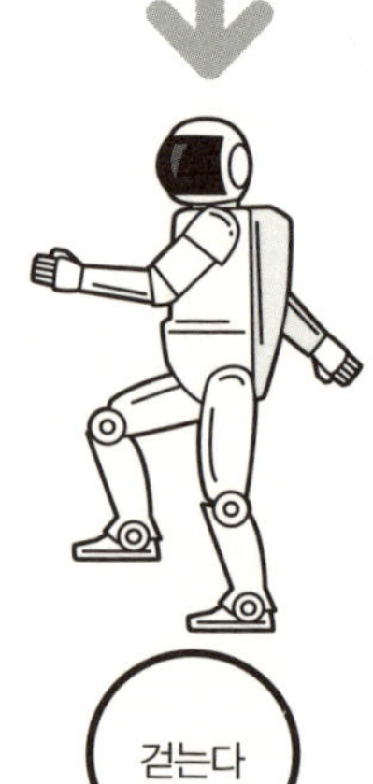

① 오른발을 앞으로 낸다.
② 오른발의 발꿈치부터 바닥에 디딘다.
③ 오른발의 발끝을 바닥에 디딘다.
④ 오른발이 완전히 바닥에 닿으면 왼발을 앞으로 낸다.

걷는다

직이도록 하기 때문이다.

　이 원리를 좀 더 쉽게 알 수 있는 예가 바로 '걷기' 동작이다. 로봇을 걷게 하려면 걸음걸이를 순서대로 지시하는 프로그램이 필요하다. 인간은 다르다. 로봇에게 하듯 동작을 하나하나 일러주지 않아도 된다. "걸어!"라고 명령만 하면 걷기 동작을 담당하는 부분 프로그램이 자동으로 구동돼 걷게 만든다. 부분 프로그램 중에서도 특히 생명 활동이나 일상생활과 밀접하게 관련된 것은 사라지지 않고 오래 저장된다. 이와 달리 걷기처럼 기본적이고 무의식적으로 이루어지는 움직임은 한번 잘못된 프로그램이 입력되면 나중에 수정하기가 어렵다. 흔히 말하는 '버릇'이 그것이다. 세 살 적 버릇이 여든까지 가는 이유가 여기에 있다.

인간의 척수에는 반복적이거나 규칙적인 동작, 리듬이 서로 다른 동작 등을 신속하게 수행할 수 있도록 패턴을 형성하는 중추가 있다. 이를 이용해 어릴 적부터 부지런히 동작 패턴을 만들어두면 나중에는 마치 타고난 듯 유연하게 움직일 수 있다.

어릴 적에 익힌 동작은 어른이 돼서도 쉽게 잊어버리지 않는다. 대표적인 예가 '자전거 타기'다. 어릴 때 자전거 타는 법을 배워두면 30년 만에 자전거에 올라도 곧장 페달을 밟고 달릴 수 있다. 그러나 어른이 돼서 자전거 연습을 시작하면 한참이 걸려야 탈 수 있다. 수영도 마찬가지다. 어릴 때 수영을 배워두면 한동안 하지 않았어도 물에 들어가면 금세 헤엄칠 수 있다.

어릴 때 여러 종류의 동작과 몸놀림을 익혀두면 어른이 돼서 운동을 할 때 도움이 된다. 처음 하는 운동이라도 어릴 때 비슷한 동작을 한 적이 있으면 그만큼 쉽게 배울 수 있다. 여러분 주변에도 어떤 운동이든 빨리 배우고 터득하는 사람이 있을 것이다. 테니스 라켓을 쥔 적이 고작 세 번밖에 없다면서 무시무시한 강서브를 넣는 사람도 있고, 골프는 오늘이 두 번째라며 나무랄 데 없는 스윙 자세로 옆 사람을 주눅 들게 하는 사람도 있다. 그런 사람들 뇌에는 이미 그 운동의 주요 동작에 관한 프로그램이 입력돼 있을 것이다.

많이 움직이고 많이 뛰어놀수록 인간의 뇌는 더 많은 프로그램을 획득할 수 있다. 이처럼 뛰어난 능력을 자랑하는 뇌도 컴퓨터와 견주어 열등한 점이 하나 있다. 컴퓨터는 고장이 나지 않는 한 계속해서 새로운 프로그램을 입력할 수 있지만 인간의 뇌는 그렇지 못하다. 프로그램을 입력할 수 있는 시기가 한정돼 있는 것이다. 절정기는 초등 저학년 무렵이다. 태어나자마자 발달하기 시작한 신경계가 그때쯤 정점을 맞이하기 때문이다. 그래서 운동이나 악기는 어릴 적에 가르쳐야 타고난 재능을 발휘하기 쉽다고 하는 것이다.

초등 저학년 때까지는 뇌에 좀 더 많은 프로그램을 입력할 수 있다. 어른이 되면 여간해서는 익히기 힘든 동작이나 몸놀림에 대한 보조 프로그램과 패턴을 맘껏 획득할 수 있는 최적의 시기다. 그래서 이 시기를 '황금기'라고 부른다.

신경생리학적으로 황금기가 정확히 몇 세부터 몇 세까지라고 정의하기는 어렵지만 스포츠 현장에서는 유치원생부터 초등 저학년 정도까지라고 말한다. 그러니 만 7, 8세까지는 다양한 동작과 기술을 익힐 수 있는 운동을 하는 것이 좋다. 특정 운동에 집중하는 것보다는 다양한 운동을 두루두루

하는 편이 나중에 경기력을 높이는 데 도움이 된다. 예를 들어 야구를 하더라도 미리 여러 종목의 동작들을 익혀두면 야구에서 그런 동작들이 필요할 때 쉽게 배울 수 있다.

미국에서는 아이들에게 야구나 농구, 축구같이 어른이 돼서도 계속 즐길 수 있는 운동을 포함해 매우 다양한 운동을 시킨다. 그만큼 다양한 보조 프로그램을 획득할 수 있으니 효과적인 방법이라 할 수 있다.

초등 저학년 때까지는 속근섬유와 지근섬유의 역할이 나누어지지 않기 때문에 근육을 굵게 만들기보다는 정확한 동작과 자세를 익히는 데 중점을 두어야 한다. 근육이 기능적으로 분화되기 시작하면 보조 프로그램도 교체되므로 운동의 특성에 맞춰 속근섬유와 지근섬유를 골라 사용할 수 있다. 그때쯤이면 우리 아이가 순발력이 필요한 운동을 잘하는지, 지구력이 필요한 운동을 잘하는지 알 수 있다.

　　황금기에 운동 프로그램을 부지런히 습득하려면 유아기에 신체와 두뇌를 건강하게 만들어두어야 한다. 그런데 아이들 중에는 자신이 생각한 대로 몸이 잘 움직이지 않거나 움직이기는 해도 근력이 부족한 아이가 있다. 이런 상태에서 다양한 움직임이 필요한 운동이나 체조를 함부로 시키면 자칫 잘못된 프로그램이 입력될 수 있다.

　　우리가 손가락을 움직이는 것도 뇌가 명령을 내리는 등 여러 단계를 거치기는 하지만 결국은 아래팔의 근육을 비롯해 손가락을 움직이는 근육이 제대로 기능하기 때문에 가능한 것이다. 손가락을 움직이는 프로그램이 만들어질 때까지 그 동작에 필요한 근육을 단련해두지 않으면 힘이 모자라 손가락이 구부러지지 않을 수도 있다.

그럴 때 뇌는 손가락을 더 세게 구부리라고 지시한다. 그러면 손가락을 구부리는 데 사용하지 않는 근육, 예를 들어 손바닥 근육을 사용해서라도 손가락을 구부리려고 한다. 이렇게 만들어진 동작은 일반적으로 사람들이 손가락을 구부리는 모습과 다르다. 이런 프로그램 오류가 쌓이면 제대로 뛰거나 걷지 못하고 움직임도 다른 사람들과 차이가 나게 된다.

특히 근육이 충분히 발달하지 못하면 여러 프로그램에 오류가 발생해서 원하는 동작이 정확하게 나오지 않는다. 부자연스러운 동작이 되풀이되면 결국 장애로 이어질 수 있다. 더구나 어릴 때 익힌 동작이라서 나중에 바로잡기가 더 어렵다.

팔꿈치를 구부리는 동작도 마찬가지다. 단순해 보이지만 이 동작에 매우 많은 근육이 관여한다. 흔히 알통이라고 부르는 상완이두근뿐만 아니라 그 안쪽에 있는 상완근과 완요골근(아래팔의 근육)도 기능한다. 팔꿈치를 구부린다고 해서 그 방향의 근육만 작용하는 것은 아니다. 반대쪽에 있는 상완삼두근도 미세하게 움직인다. 관절이 지나치게 구부러져서 어긋나지 않도록 지지하기 위해서다. 이처럼 여러 근육이 제각기 맡은 역할을 충실히 해내야 팔꿈치를 구부리는 동작이 완료된다.

각 근육의 움직임을 제어하는 것은 신경계다. 프로그램이 정확하게 입력돼 있지 않으면 부상으로 이어지고, 잘못된 동작을 거듭하면 만성 장애가 될 수도 있다. 팔꿈치를 구부리는 정도의 간단한 동작은 괜찮지만 동작이 복잡하면 복잡할수록 더 많은 단계를 거쳐야 하므로 여러 가지 근육이 관여하게 된다. 만 7, 8세까지 이런 까다로운 프로그램들을 획득해두려면 유아기에 근력을 충분히 키워두어야 한다.

팔꿈치를 구부리는 동작에 미치는 근육의 작용

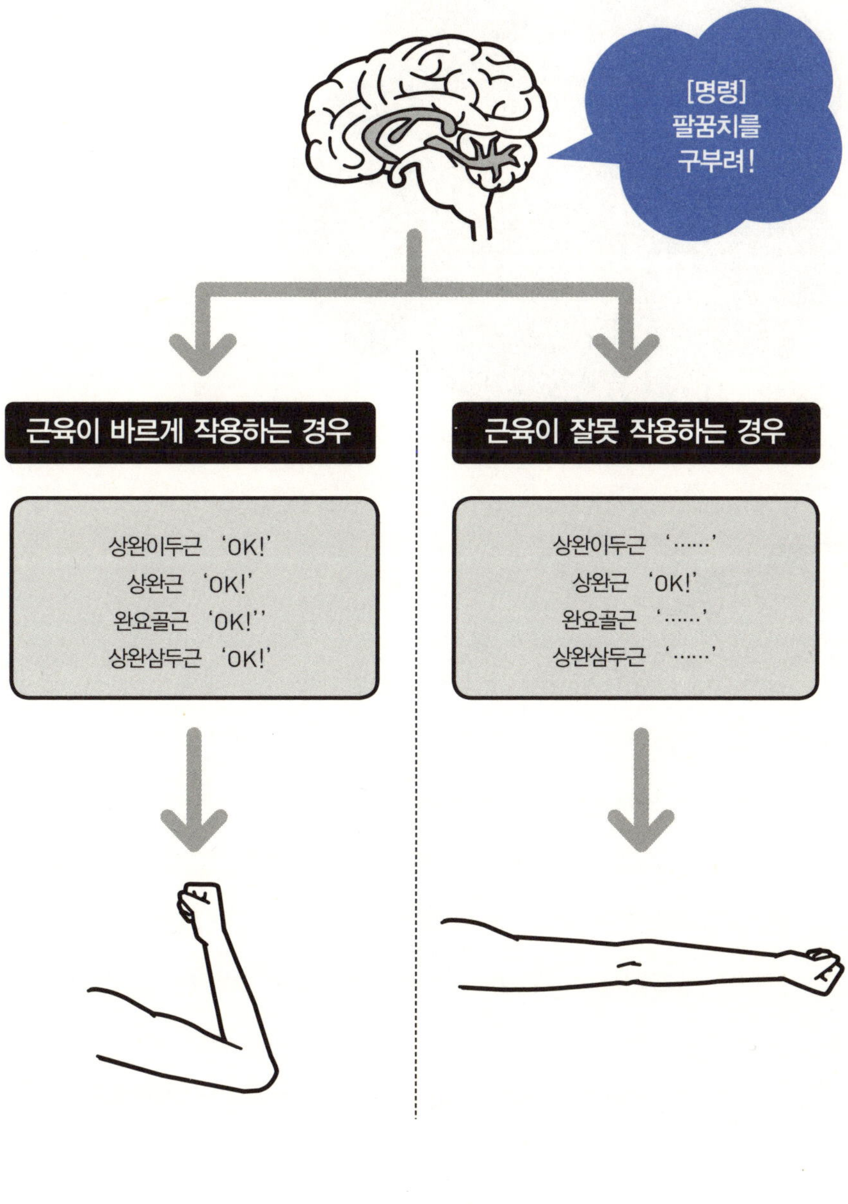

[명령]
팔꿈치를
구부려!

근육이 바르게 작용하는 경우

상완이두근 'OK!'
상완근 'OK!'
완요골근 'OK!'
상완삼두근 'OK!'

근육이 잘못 작용하는 경우

상완이두근 '……'
상완근 'OK!'
완요골근 '……'
상완삼두근 '……'

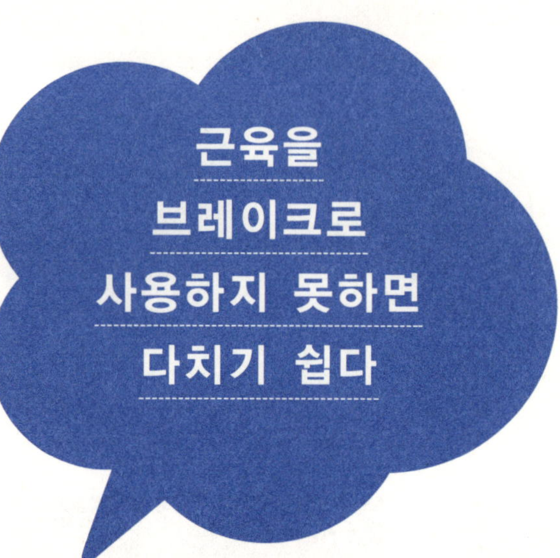

아이들의 근력이 떨어져서 나타나는 대표적인 부상이 염좌와 골절이다. 위험한 동작을 해서가 아니라 잘 놀다가도 그런 일이 일어난다. 조금만 높은 데서 뛰어내리거나 줄넘기를 하다 발이 땅에 닿을 때 발목을 삐거나 뼈가 부러지는 일이 늘어나고 있다.

염좌는 관절을 지지해주는 인대(뼈와 뼈 사이를 연결하는 결합조직)가 외부 충격 등으로 인해 늘어나거나 일부 찢어지는 것을 말한다. 손상된 인대에 염증이 생기기도 하고 인대가 끊어지면 인대 파열이라는 심각한 상태가 된다.

1장에서 보았듯이 점프 동작(여학생)에서도 특히 착지할 때 외상 발생률이 높다. 동작을 마치고 바닥에 발을 디딜 때 유독 이런 부상이 자주 발생하는 이유는 근육이 브레이크로 작용하지 못하기 때문이다. 움직임을 멈출 때 근육을 사용하는 프로그램이 유아기에 제대로 만들어지지 못해 일어나는 것이다.

근육은 신체를 들어 올릴 때는 엔진 역할을 하지만, 높은 곳에서 떨어질 때는 브레이크 역할을 한다. 속도를 줄여 충격 없이 가볍게 내려앉을 수 있도록 근육이 관절에 제동을 걸어주는 것이다. 근육이 이런 작용을 충분히 하지 못하면, 다시 말해 브레이크를 밟지 않은 상태로 바닥에 떨어지면 뼈나 관절이 지면과 부딪치고, 지면에서 오는 충격을 그대로 받아서 부상을 입게 된다.

착지할 때는 체중의 3~4배나 되는 충격력이 생긴다. 근육이 브레이크 역할을 해내지 못하면 관절이나 뼈가 그 힘을 고스란히 흡수하게 된다. 자동차가 무언가에 부딪혀 그 충격으로 망가지는 것과 마찬가지 사태가 관절이나 뼈에 일어나는 것이다.

아주 높은 곳에서 떨어지지 않더라도 줄넘기를 연속해서 100번 정도 하면 발이 바닥에 닿을 때마다 충격을 받고 그것이 쌓여 부상으로 이어질 수 있다. 이렇게 작은 충격이 지속적으로 반복되어 뼈가 찢어지듯 부러지는 것을 '피로 골절'이라고 한다.

근육으로 동작에 브레이크를 걸지 못하는 이유는 몸이 그런 제동 방법을 익힌 적이 없기 때문이다. 어릴 적에 위에서 떨어져서 다칠 뻔했다거나 넘어져서 다친 경험들이 쌓이면 나중에는 높은 데서 떨어지더라도 다치지 않도록 몸을 굴리거나 안전하게 착지할 수 있다. 역시 몸으로 배우고 익히는 것이 바람직한 학습법이다.

① 점프할 때

중력에 맞서 몸을 들어 올리기 위해
근육이 엔진 역할을 한다

② 착지할 때

근육이 관절에 제동을 걸어 착지할 때
발생하는 충격력(에너지)을 흡수한다.
근육이 브레이크 역할을 제대로 하지
못하면 충격력이 모두 관절이나 뼈로
전달된다.

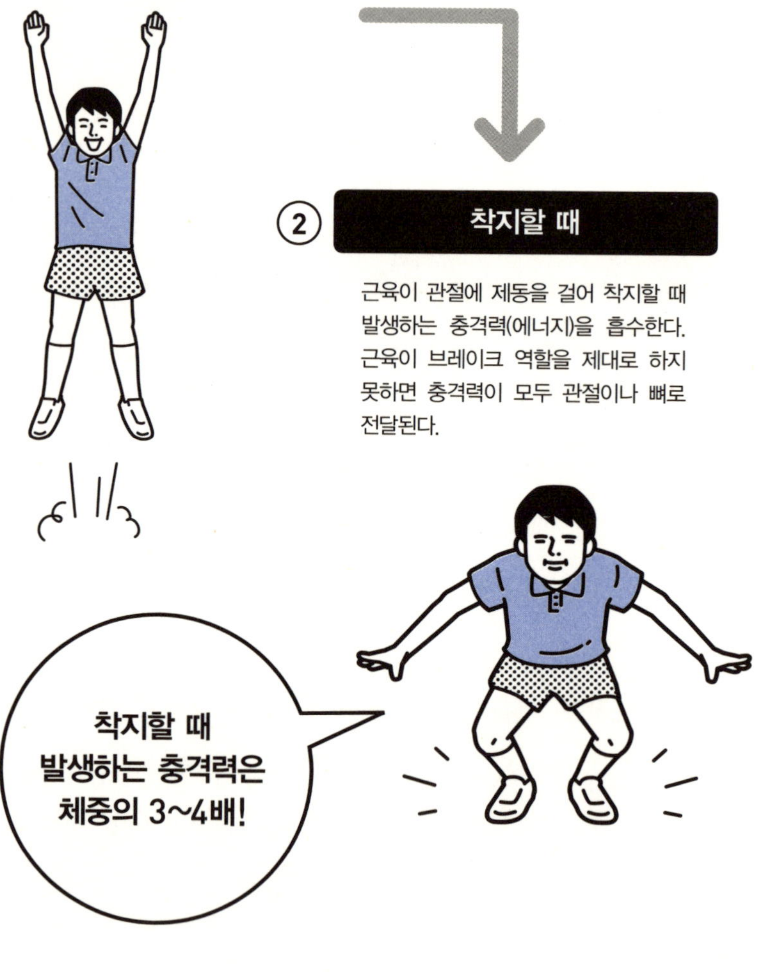

요즘처럼 부모들이 미리 나서 위험한 요소란 요소는 싹 치운 공간에서 정적인 놀이만 하다 보면 제동 방법을 익힐 수 없다. 그러니 걸핏하면 다치는 것이다. 높은 곳에서 뛰어내리거나 넘어지고 구르는 방법을 모르고 초등학교에 입학하면 체육 수업에서 점프만 해도 다치는 수가 있다. 몇 번 그러다 보면 겁이 나서라도 운동을 멀리하게 된다. 나중에는 운동 부족으로 건강도 해치게 된다. '놀이 부족'이 이런 악순환을 부른다.

넘어진 적이 없는 아이에게 한번 넘어져보라고 하면 몸을 어떻게 움직여야 할지 몰라 당황해한다. 넘어지는 법을 모르면 넘어지는 순간 손으로 바닥을 짚지 못하고 얼굴부터 떨어지기 때문에 크게 다칠 수 있다. 손으로 바닥을 짚더라도 제대로 짚지 못하면 손목에 부상을 입게 된다.

아이가 넘어지면 부모들은 대개 야단부터 친다. 그러나 넘어지는 것도 아이에게는 중요한 경험이다. 넘어져서 조금 다치더라도 너무 걱정할 필요가 없다. 다음에 또 넘어지면 다치지 않게 몸을 움직이거나 아예 넘어지지 않게 걸을 것이다. 부모가 아이의 부상을 미리 막고 싶은 것이야 당연하지만 지나치면 문제다. 다치지 않는 몸을 만들 귀한 기회마저 앗아가면 안 된다.

요즘 아이들은 착지할 때 근육을 브레이크로 사용할 줄도 모르지만 안전하게 몸을 지키는 기술도 모른다. 그래서 잘 다친다. 옛날 같으면 놀이를 통해 여러 가지 움직임을 익혔을 텐데 지금은 넘어질 기회는커녕 몸을 신나게 움직일 기회조차 드물다. 술래잡기, 뜀박질, 나무 타기 등 집 밖에서 하는 놀이라면 뭐든 좋은데 말이다. 이런 몸 놀이의 재미를 알기도 전에 컴퓨터 게임에 푹 빠져 아예 집 밖으로는 얼굴도 내밀려고 하지 않는다.

아이들은 본래 뛰어오르거나 뛰어내리는 것을 좋아한다. 나도 유치원 다닐 때는 친구들과 계단에 올라가 누가 더 높은 데서 뛰어내리는지 내기를 한 적도 있다. 장소에 따라서는 위험할 수도 있으니 어느 정도는 제재해야 하지만 아이들이 이런 놀이를 즐기는 진짜 이유는 그런 움직임이 유아기에 필요하기 때문일 것이다.

어른들은 곧잘 "위험하니까"라는 한마디로 아이들의 놀이를 제약한다. 그러나 어른들이 생각하듯 아이들에게 위기관리 능력이 전혀 없는 것은 아니다. 예를 들어 아무리 뛰어내리는 것을 좋아하는 아이라도 아주 높은 곳에 서면 주춤한다. 이 정도 높이에서 떨어지면 다치리라는 것을 본능적으로 알기 때문이다. 동물이 천적을 처음 만나도 바로 알아보고 도망을 가듯 아이들에게도 위험을 인지하는 능력이 있다.

아이들은 몸으로 놀아야 근력을 키우고 근육을 바르게 사용하는 프로그램을 뇌에 입력할 수 있다. 그래야 날렵하게 움직이고 어떤 상황에서도 자세를 안전하게 유지할 수 있다. 또 관절을 바른 위치에서 움직이고 몸을 효율적으로 사용할 수 있다. 내 아이가 잘 다치지 않게 하는 최선의 방법은 몸으로 놀게 하는 것이다.

어릴 적 비만이
평생 비만이 된다

요즘 들어 잠시 주춤하긴 하지만 일본의 비만아 비율은 학년을 막론하고 2000년까지 계속 증가했다. 심지어는 성인에게나 생기던 당뇨병이 소아기와 청소년기에 발생하기도 한다. 아이들이라도 영양 과잉에 운동 부족이 겹치면 혈당이 비정상적으로 상승할 수 있다. 잘못된 식습관뿐만 아니라 몸을 잘 움직이지 않는 버릇도 당뇨병의 원인인 것이다.

아이나 어른이나 살이 찌는 원리는 마찬가지다. 섭취한 열량을 다 소비하지 못하면 그것이 지방으로 바뀌어 몸에 쌓인다. 달거나 기름진 음식은 열량이 높아 소비하기가 더 어렵다.

기초대사량은 생명을 유지하기 위한 활동에 필요한 최소한의 에너지양으로, 움직이지 않아도 소비된다. 기초대사량은 아이가 어른보다 훨씬 더 크다. 그런데도 아이가 지나치게 살이 찐다면 움직이지 않고 먹고만 있다는 뜻이 된다. 요즘 아이들은 충분한 영양 섭취로 몸집이 커지면서 신체 성장에 필요한 단백질이나 칼슘뿐만 아니라 지방도 많이 섭취하게 되었다. 먹은 만큼 소비하면 되지만 몸을 써서 노는 기회가 줄다 보니 에너지가 남아 고스란히 지방으로 쌓인다.

일본 후생노동성은 만 3~8세 정도 아이들의 하루 필요 열량을 약 1400~1800칼로리로 규정하고 있다. 다른 원인도 있겠지만 내 아이가 비만이라면 우선 열량 섭취가 적절한지 따져봐야 한다.

사실은 지나치게 많이 먹는 아이보다 너무 많이 먹이는 부모가 더 문제다. 부모가 식품의 열량에 관심이 없거나 지식이 부족해도 아이가 비만이 되기 쉽다. 특히 과자는 열량이 높은 것이 많다. 한 봉지에 500~600칼로리나 되는 감자 칩을 하루에 세 봉지만 먹으면 이미 하루에 필요한 열량을 거의 다 섭취하게 된다. 더구나 하루 세끼 다 먹고 이런 과자까지 챙겨 먹으면 하루 필요 열량을 거뜬히 초과한다.

먹는 것을 줄이면 섭취 열량이 줄어 체중도 준다. 하지만 신체의 질도 떨어진다. 우리 몸은 섭취 열량이 부족하면 인체에서 열량을 많이 소비하는 근육을 줄이고 대신 지방을 늘리려고 한다. 다시 말해 식사를 제한하면 체중은 줄겠지만 동시에 근육도 줄어든다. 근력도 약한 아이들이 근육마저 감소하면 아예 몸을 움직이려고 하지 않을 것이다. 그러니 아이가 비만이라고 한참 자랄 때 식사량을 제한해 체중을 조절하는 것은 바람직하지 않다. 필수영양소가 부족하면 성장에도 방해가 된다.

이런 점을 고려해 열량을 소비하는 운동을 시키면서 식사 관리를 하는 것이 좋다. 사실 부모가 평소에 영양과 열량에 신경을 쓰고 밖에서 실컷 뛰놀게 하면 아이가 살이 찔 이유가 없다. 체질적으로 살이 잘 찌는 아이라도 먹은 만큼 움직이면 비만까지 되지는 않는다.

과도한 열량 섭취뿐만 아니라 운동 부족도 비만의 원인이다. 몸이 무거우면 그만큼 부하가 커지므로 운동도 잘하기 힘들다. 만약 신체 활동이 부족해 살이 쪘다면 분명히 근력도 약할 것이다. 운동이 부족한 아이라면 밖에서 노는 일은 더 적을 테니 근육과 뼈가 점점 더 약해지고 근육을 바르게 사용하는 프로그램도 획득하지 못할 것이다. 그대로 두면 비만과 부상을 함께 부르게 된다.

::: **연령별 하루 필요 열량**

일본 후생노동성이 규정한 '하루 필요 열량'을 기준으로 운동량이 '보통'인 사람에게 필요한 열량을 계산한 값이다.

나이 (세)	남자 (kcal)	여자 (kcal)
1〜2세	1240	1150
3〜5세	1560	1490
6〜7세	1715	1610
8〜9세	1960	1820
10〜11세	2320	2100
12〜14세	2600	2380
15〜17세	2760	2240
18〜29세	2640	1960
30〜49세	2680	2010
50〜69세	2450	1940
70세 이상	1920	1510

　　　　　　　　　　유전적으로 살이 잘 찌는 체질이 있다. 몸속 지방이 원활히 분해되지 않는 경우도 그중 하나다. 이런 사람은 아무리 운동을 해도 지방이 잘 연소되지 않는다.

운동을 하면 아드레날린이라는 호르몬이 분비된다. 아드레날린은 지방 조직에서 지방을 분해해 다른 세포가 에너지를 쉽게 이용할 수 있도록 한다. 그런데 이 아드레날린을 받아들이는 쪽, 즉 지방세포에 있는 아드레날린 수용체라는 단백질의 유전자에 변이가 있으면 아드레날린이 제 기능을 못하게 된다.

일본인의 30퍼센트가 아드레날린 수용체에 변이가 있다. 3명 중 1명은 쉽게 살찌는 인자를 갖고 있는 것이다. 일본인은 거칠고 영양가 낮은 음식을 먹고 살았던 기간이 매우 길다. 아마 메이지 시대까지도 그렇게 살아왔을 것이다. 그래서 기근에 대비해 몸에 지방을 쌓아두는 유전자 변이를 가진 사람들이 생존에 유리했다. 그나마 과거에는 부지런히 농사를 짓느라 몸을 많이 움직였지만 지금은 먹을 것이 풍부한 데다 신체 활동마저 대폭 줄어든 까닭에 살찐 사람이 더 늘어났다.

미국의 피마족 인디언은 비만과 당뇨병의 발병률이 매우 높은데, 그 원인을 조사한 결과 그들도 일본인과 마찬가지로 아드레날린 수용체에 변이가 있는 사람이 많다는 것을 알게 되었다. 혹독한 자연환경에서 수렵 생활을 하다가 정착 생활에 적응하면서 운동량이 줄고, 고열량 고지방식을 즐기면서 비만이 급격히 늘어났다.

아드레날린 수용체의 변이는 왠지 동양인보다 서양인이 더 많을 것 같지만 실제로는 10퍼센트 정도밖에 되지 않는다. 다만 동양인보다 섭취 열량이 훨씬 더 많기 때문에 살찐 사람도 많은 것이다. 이런 식습관도 다 선조의 생활방식에서 비롯되었다. 광활한 대륙을 달리며 사냥을 하면 에너지를 많이 소비할 수밖에 없어 그만큼 많이 먹어야 했기 때문이다.

아드레날린 수용체 변이 외에 비만 유발 인자로 밝혀진 것이 또 있다. UCP(uncoupling protein)라는 단백질의 변이다. UCP는 체온을 유지하는 일을 하는데, 우리 몸이 음식으로 섭취한 열량을 최종적으로 신체 활동을 위한 에너지로 사용하기 전에 가로채서 열을 생산하는 데 이용되게 한다. 이 UCP의 기능이 떨어지면 몸속에서 열이 잘 생산되지 않아 저체온이나 냉증이 생기고, 열을 생산하는 데 에너지가 잘 쓰이지 않게 되므로 같은 양의 음식을 먹어도 살이 잘 찐다.

　　UCP에는 UCP1, UCP2, UCP3의 세 종류가 있는데, 일본인은 4명에 1명 꼴로 UCP1에 변이가 있다고 한다. 그러나 비만 유발 인자가 있다고 해서 모두 살이 찌는 것은 아니다. 비만은 여러 유전자가 다양한 환경과 상호 작용해서 나타나기 때문에 유전자 하나에 변이가 있어도 다른 유전자가 개입해 변이로 인한 현상을 억제할 수도 있다. 하나의 유전자가 일방적으로 비만을 일으키는 일은 드물고 여러 종류의 비만 유발 인자를 동시에 가진 사람도 많지 않다. 이런 점에서 보면 인체의 모든 기능이 비만을 향해 전력 질주하는 일은 드물다. 만약 그런 일이 있다면 병적인 비만이나 매우 심각한 고도 비만으로 나타나겠지만 이 두 가지 역시 비만 인구에서 차지하는 비율은 그다지 높지 않다.

　　아드레날린 수용체나 UCP 유전자의 변이 여부는 머리카락이나 볼 안쪽의 점막, 타액 등을 이용해 간단히 검사할 수 있다. 굳이 이런 검사를 하지 않아도 부모나 조부모의 체형을 보면 아이가 유전적으로 비만 체질인지 판단할 수 있다. 부모와 조부모가 모두 살이 찌지 않았다면 아이가 앞으로 비만이 될 가능성은 매우 낮다. 만약 조부모만 비만이라면 비만 형질이 격세유전되어 아이에게 나타날 수도 있다. 조부모 대까지 살펴보아 정상인데도 아이가 살이 쪘다면 유전 탓이 아니다. 생활습관과 환경에 문제가 있는 것이다.

　　특히 식습관과 운동습관을 살펴봐야 한다. 부모가 살찐 이유가 식습관 때문이라면 아이의 비만도 유전이 아닌 식습관 탓이다. 부모와 마찬가지로 많이 먹거나 고열량 고지방 식사를 하기 때문이다. 부모는 많이 먹으면서 아이들만 식사량을 제한하는 방법은 설득력이 떨어지고 성장에도 나쁜 영향을 미치기 때문에 바람직하지 않다.

일본인에게 있는 비만 유발 인자*

인자 1 **아드레날린 수용체의 변이**

아드레날린의 기능이 떨어져 체지방이 잘 분해되지 않는다.

↓

3명 중 1명

인자 2 **UCP1 유전자의 변이**

에너지를 열 생산에 이용하지 않고 몸에 저장한다.

↓

4명 중 1명

 인자 1 $\dfrac{1}{3}$ ×  인자 2 $\dfrac{1}{4}$

↓

일본인 12명 중 1명은 살찌기 쉬운 체질이다

* 한국인 역시 3명 중 1명 꼴로 아드레날린 수용체에 변이가 있으며, 28퍼센트 정도가 UCP1 수용체에 변이가 있는 것으로 추산된다.

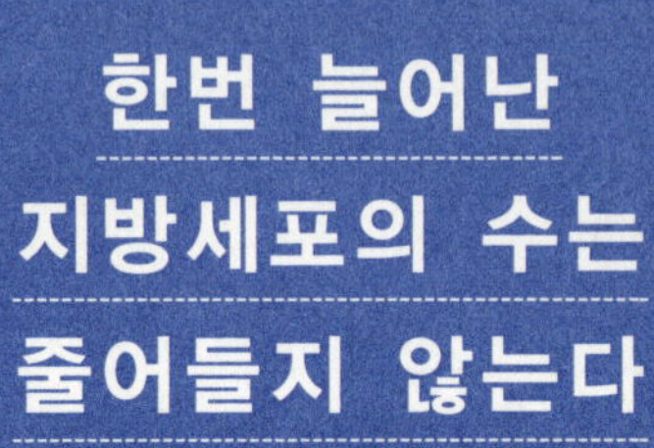

아이의 비만을 예방하거나 치료하려면 지방세포의 특징부터 알아야 한다. 지방세포는 몸에 지방을 쌓아두는 창고 역할을 한다. 이름과 달리 그 자체는 지방이 아니다. 지방세포는 인간의 일생에서 세 번 정도 급격히 증가하는 특정 시기가 있다.

맨 처음은 태아기다. 임신부가 열량을 많이 섭취하면 태아의 지방세포도 늘어난다. 지방세포가 많으면 출생 시 키나 몸무게가 평균보다 높을 수 있다. 그러나 크게 태어났다고 반드시 지방세포가 많은 것은 아니다. 갓난아기일 때는 지방세포가 어느 정도인지 정확히 알 수 없다. 그러니 아기가 우량아라고 기뻐해야 할지, 지방세포가 많다고 걱정해야 할지는 아직 모른다.

두 번째는 만 3~5세의 유아기다. 한창 재롱을 부리고 이것저것 잘 받아

먹을 때지만 너무 많이 먹이면 지방세포가 크게 늘어난다.

세 번째는 청소년 시기의 급성장기다. 중고생 때는 에너지 대사가 활발해서 배도 쉬 고프고 밥도 많이 먹는다. 물론 먹는 것은 중요하지만 신체 활동이 부족한데도 식욕이 당기는 대로 먹으면 지방세포가 지나치게 늘어난다.

우리 몸이 이렇게 지방 창고를 세 번에 나누어 만드는 데는 이유가 있다. 앞에서도 말했지만 인간은 태어나서 성인이 될 때까지 키는 약 3.5배, 몸무게는 약 20배나 늘어난다. 성장하는 데 그만큼 에너지가 많이 필요하기 때문에 그 에너지를 저장할 수 있는 창고, 즉 지방세포가 있어야 한다. 그러나 아기 몸은 작아서 어른이 돼서 사용할 창고까지 한꺼번에 다 만들어둘 수가 없다. 그래서 세 번에 나누어 지방세포를 늘리는 것이다.

문제는 증식 횟수가 아니라 지방세포의 개수다. 지방세포가 늘어나는 것은 몸속에 지방 창고를 많이 지어두는 것과 같다. 평소에 식사에 신경을 쓰고 섭취한 열량을 충분히 소비하면 그저 빈 창고가 여럿 있는 것에 불과하지만, 쓰고 남은 열량이 생기면 금세 창고에 쌓인다. 게다가 창고가 여러 개다 보니 지방을 더 많이 쌓아둘 수 있다.

더 큰 문제는 지방세포는 한번 만들어지면 없어지지 않는다는 사실이다. 피부나 내장의 세포처럼 손상되면 죽고 새로운 세포로 교체되거나 하지 않는다. 근육이나 신경의 세포처럼 영원히 산다. 그러니 세 번의 증식 시기에 필요 이상으로 지방세포를 많이 만들어두면 평생 내 몸에 그 많은 창고를 지니고 살아야 한다.

만 3~5세쯤에 살이 찌기 시작해 그 후로도 많이 먹고 적게 움직이면 만 6세쯤에 벌써 비만이 된다. 그 무렵에 몸에 지방 창고를 잔뜩 지어놓으면 커서도 체중을 조절하기 어렵다.

지방 창고가 많으면 지방을 저장할 공간이 넉넉하기 때문에 항상 살 찔 채비를 갖추고 있는 셈이 된다. 그러니 조금 많이 먹었다 싶으면 금세 살이 찐다. 더 심각한 것은 지방세포는 창고가 비거나 차면 이를 감지해 꼬박꼬박 뇌로 신호를 보낸다는 사실이다.

지방이 늘어나 창고가 가득 차면 지방세포에서 렙틴(leptin)이라는 물질이 분비된다. 랩틴은 뇌의 섭식중추를 자극해 "창고가 꽉 찼으니 더 먹으면 안 돼!"라며 식욕을 억제한다.

반대로 창고에 빈자리가 생기기 시작하면 지방세포에서 아디포넥틴(adiponectin)이라는 물질이 분비된다. 아디포넥틴은 각 조직에 "지방이 줄어들기 시작했으니 에너지원으로 탄수화물을 많이 섭취하라"고 지시한다. 아디포넥틴이 분비돼 혈당이 떨어지면 탄수화물대사가 활발해지는데, 그것이 섭식중추를 자극해 식욕을 촉진한다.

중성지방이 분해되어 생성되는 유리지방산이 혈액으로 나오면 섭식중추를 자극해 섭식 행동을 일으킨다. 줄어든 지방만큼 더 채워 넣어야 하니 식욕을 늘리는 것이다. 이처럼 지방은 단순히 에너지를 저장만 하는 것이 아니라 창고의 재고량에 맞추어 그 양을 일정하게 조절한다. 그래서 창고의 용량이 문제가 되는 것이다.

창고가 많으면 여간해서는 가득 찼다는 신호가 오지 않는다. 그러니 자꾸 더 많이 먹게 된다. 탄수화물대사가 개선되는 것은 바람직하지만 그 때문에 몸에 쌓인 지방은 잘 소비되지 않고, 에너지원으로 공급한 탄수화물을 지방으로 바꾸는 작용이 활발해진다.

게다가 축적된 지방의 양이 많을수록 조금이라도 분해되면 줄어든 지방을 당장 보충하려고 먹을 것을 찾는다. 지방을 늘리는 방향으로만 행동하게 된다는 말이다. 몸에 지방이 많으면 이런 악순환이 생긴다.

어릴 때 이미 이런 지경에 이르면 몸은 지방이 잔뜩 쌓인 상태를 자연스러운 상태로 받아들이게 된다. 더 살찌지 않으려고 노력해도 그 자연스러운 상태로 되돌아가려고 몸이 고집을 부린다. 그래서 살을 빼려고 애써도 쉽게 빠지지 않는 것이다.

어른 아이 할 것 없이 쓰고 남은 열량을 지방으로 저장하는 것은 생물체

지방세포(지방을 쌓아두는 창고)

창고가 가득 차면	창고에 자리가 비면

"창고가 꽉 찼어요"

"창고에 빈자리가 생겼어요"

섭식중추를 억제한다

섭식중추를 자극한다

"더 먹으면 안 돼!"

"더 먹어야 돼!"

지방 창고가 많을수록 창고에 빈자리도 많아지기 때문에 더 많이 먹게 된다.

로서 따르는 섭리이자 생존을 위한 인체의 전략이다. 그러나 지방 창고에 지방을 쌓아두는 것과 창고의 수를 늘리는 것은 의미가 다르다. 그러니 어릴 때 지방세포를 너무 늘려놓지 말아야 한다. 지방 창고의 수가 적으면 성장하면서 세포(창고)의 크기가 커지더라도 살은 잘 찌지 않는다. 평생 살찌지 않는 몸이 되는 것이다.

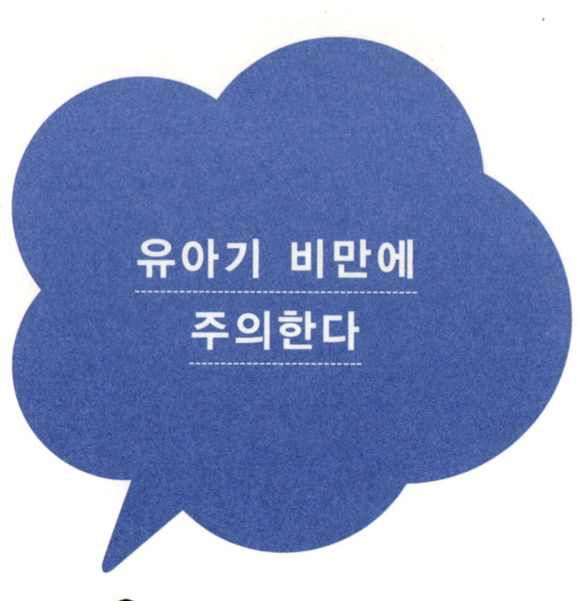

최근 들어 임신부에게 근력 트레이닝(슬로 트레이닝)*을 지도하는 곳이 일본에 생겼다. 부족해지기 쉬운 신체 활동을 늘려 지방이 지나치게 쌓이지 않도록 하고 혈압의 상승을 막아 안전한 출산을 하기 위해서다. 체력을 길러 산후 회복을 빠르게 하려는 목적도 있다. 임신 중에 하는 근력 트레이닝이 태아의 근력에 영향을 미치는지는 명확하지 않다. 그러나 임신 중이라고 해서 먹고 쉬기만 하면 자신의 건강뿐만 아니라 태아의 발육에도 좋지 않다.

---

* 자세를 고정하지 않고 천천히 움직여 근육에 계속 힘을 주는 상태를 유지함으로써 적은 부하로 근육을 강화하는 운동법.

임신 중에는 영양을 골고루 충분히 섭취해야 하지만 열량 섭취가 지나치면 태아의 지방세포도 많이 늘어난다. 정상적인 분만 과정을 거쳐 태어난 아기라면 비만을 걱정할 필요는 없다. 오히려 지방세포가 증식하는 두 번째 시기인 유아기에 더 주의해야 한다. 이때 살이 찌면 지방 창고가 거의 영구적으로 늘어나기 때문에 평생 다이어트와 씨름하며 살아야 할지 모른다. 그렇다고 아이에게 식사를 제한해선 안 된다. 어릴 때 섭취 열량을 많이 줄이면 지방세포가 인체에 필요한 만큼 충분히 만들어지지 않는다. 그러면 성인기에 지방이 제 기능을 못할 수도 있다.

몸에 지방이 너무 많으면 대사성 질환이 일어날 수 있다. 그러나 지방은 인체를 구성하는 기본 물질이고 생명현상에도 관여하기 때문에 너무 적어도 문제다.

지방이 하는 중요한 일 중 하나가 에너지를 저장하는 것이다. 단백질과 탄수화물은 1그램당 4칼로리의 열량을 내지만 지방은 9칼로리나 낸다. 동일한 질량의 탄수화물이나 단백질보다 많은 열량을 내므로 에너지를 저장하는 데 효과적이다.

지방은 세포막의 중요한 구성 성분이기도 하다. 따라서 지방이 없으면 세포도 없고, 세포가 없으면 인간도 없다. 또 지방은 남성호르몬이나 여성호르몬 같은 성호르몬, 코티솔이나 알도스테론 같은 부신피질호르몬을 만드는 재료가 된다. 지방이 있어야 호르몬도 만들 수 있는 것이다.

몸에 있는 지방이 남성은 체중의 4퍼센트, 여성은 12퍼센트를 밑돌면 건강을 해치고 심하면 사망할 수 있다. 여성의 지방 비율이 높은 이유는 임신이나 출산과 관련이 있다. 지방이 지나치게 감소하면 여성호르몬의 분비량이 줄어들어 전신의 호르몬 균형이 무너지기 때문이다.

체지방도 너무 많으면 건강에 악영향을 미치지만 너무 적어도 이런 문제가 일어난다. 그러니 아이들에게는 영양을 충분히 공급하면서 그만큼 운동도 충분히 시켜 지방 비율을 적정하게 유지하도록 해야 한다.

몸과 머리를 깨우는
근력 트레이닝

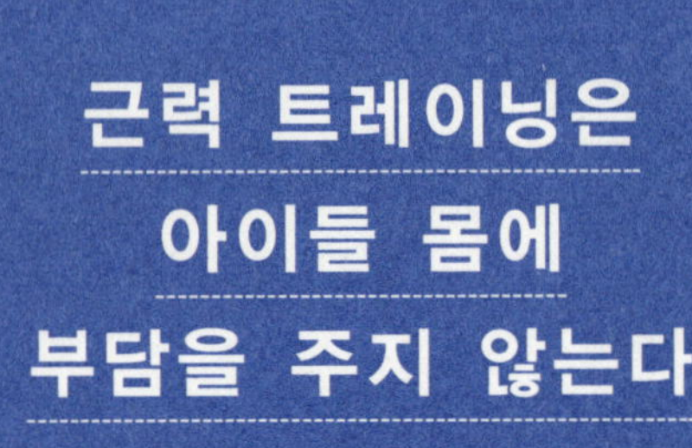

아기들에게는 연신 몸을 뒤치고 이리저리 기어 다니는 게 근력 트레이닝인 것처럼 아이들에게는 밖에서 신나게 뛰어노는 것이 가장 효과적인 근력 트레이닝이다. 우리는 어릴 적에 놀이를 통해 내 몸을 움직이는 데 필요한 근력과 신경계를 발달시켰다. 그것만 봐도 놀이의 효과는 이미 입증된 셈이다. 몸 놀이를 할 만한 적당한 공간을 발견했다면 근력 트레이닝을 시키기 전에 먼저 아이들을 지금보다 더 많이 놀게 해야 한다.

놀면 놀수록 근력이 붙고 뇌에는 새로운 프로그램들이 입력된다. 너무 많이 논다고 걱정할 필요가 없다. 지쳐서 제 스스로 그만둘 때까지 실컷 놀게 해도 된다. 나중에 자세히 설명하겠지만 근력 트레이닝 역시 아이들은 많이 해도 괜찮다. 이론상으로는 근육이 기능적으로 분화되기 전 단계인 초등 저학년 무렵까지는 아무리 운동을 해도 근육통이 생기지 않는다.

근육에 지나친 부담을 주면 근육섬유가 손상돼 염증이 일어나고 그 때문에 통증이 나타난다. 그러나 근육이 기능적으로 분화되기 전에는 근육이 가진 힘을 충분히 사용하지 못하기 때문에 근육이 손상될 정도로 부담을 주려야 줄 수가 없다. 속근섬유와 지근섬유가 제 특성을 발휘하게 되면 이전과 똑같은 운동을 하더라도 근육을 강하게 사용할 수 있지만, 그 전에는 아무리 격렬한 운동으로도 근육을 혹사시킬 수가 없다.

아이들의 몸집이 작은 것도 근육통이 잘 생기지 않는 이유의 하나다. 아이들은 어른에 비해 키가 작고 체중도 적기 때문에 근육이 받는 단면적당 무게도 어른보다 적다. 그만큼 근육이 부담을 적게 받는다는 뜻이다.

간단히 계산하면 근육과 신체의 체적은 길이의 세제곱으로 구하고, 각각의 단면적은 길이의 제곱으로 구한다. 어른이 돼서 키와 근육의 길이가 각각 2배가 되었다면 근육과 신체의 체적은 각각 8배가 된다. 그러나 단면적은 4배밖에 되지 않는다. 다시 말해 체중을 단면적으로 나눈 값은 어른이 크다. 어른이 되면 체격이 커지지만 근육량도 늘어나므로 근육이 받는 부담이 줄어들 것 같지만 그렇지 않다. 도리어 늘어난다.

근육과 뼈가 체중을 지탱하는 능력은 상대적으로 아이보다 어른이 더 떨어진다. 몸집이 작을수록 자신의 몸을 사용해 위로 팡팡 뛰어올라도 근육이 받는 부담은 크지 않다. 그래서 아이들은 아무리 격렬하게 움직여도 근육이 손상될 정도로 큰 충격을 받지 않는다.

다시 말해 몸이 작고 가벼울수록 근육이 받는 부하는 상대적으로 적다.

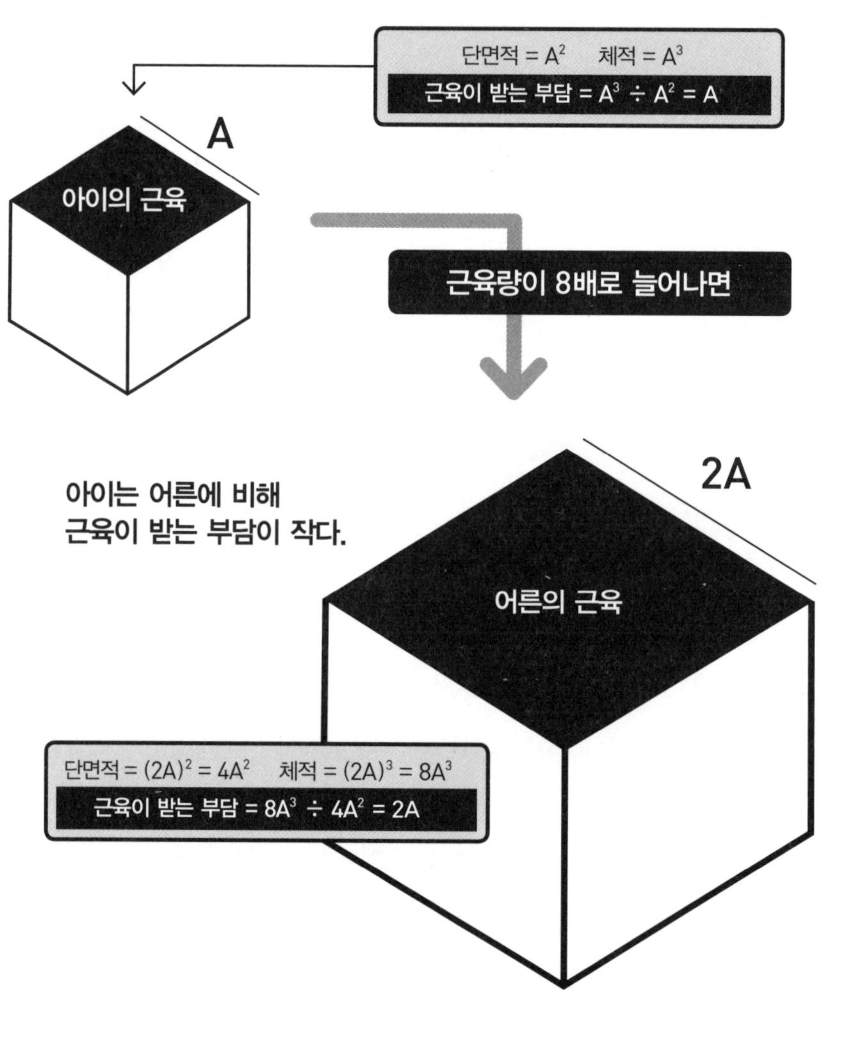

근육이 받는 부담 = 체적(체중) ÷ 근육의 단면적
단면적 = A^2 체적 = A^3
근육이 받는 부담 = $A^3 \div A^2 = A$
아이의 근육
A
근육량이 8배로 늘어나면
아이는 어른에 비해
근육이 받는 부담이 작다.
2A
어른의 근육
단면적 = $(2A)^2 = 4A^2$ 체적 = $(2A)^3 = 8A^3$
근육이 받는 부담 = $8A^3 \div 4A^2 = 2A$

동물도 몸집이 작은 종은 근육량도 적다. 개만 보더라도 치와와는 다리가 가늘지만 몸집이 큰 골든 레트리버는 다리가 굵다. 그 정도로 근육량이 있어야 제대로 움직일 수 있기 때문이다.

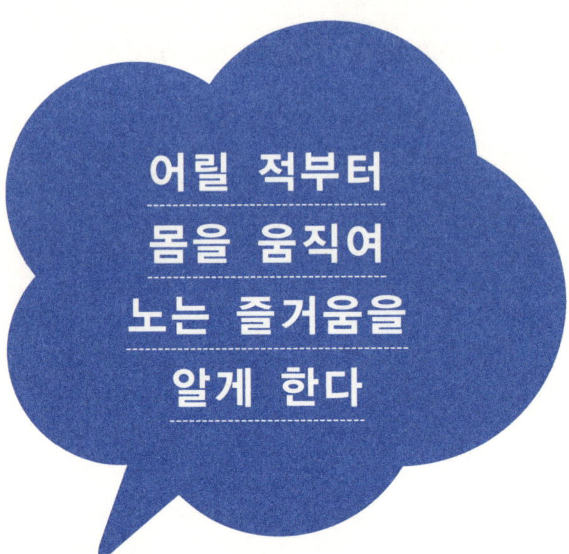

어린아이들 특히 초등학교 입학 전의 아이들은 지칠 때까지 놀게 놔둬도 괜찮다. 지친다고 해도 에너지를 소모할 뿐 어른들처럼 정신적으로 피로하거나 근육이 손상돼서 피곤한 것은 아니다.

아이들이 노는 모습을 자세히 보면 불필요한 움직임이 참 많다는 것을 알 수 있다. 어른들 눈에는 도무지 이해할 수 없는 행동이나 쓸데없어 보이는 동작을 참 잘도 한다. 아이들은 그런 행동이나 동작에서 나름의 가치를 발견하기 때문이다. 시켜서 하는 것이 아니라 내가 그렇게 하고 싶어 하는 것이다. 움직이고 싶어 움직이는 것은 인간의 생명활동에 직결되기 때문이다. 어른들 눈에는 하찮게 보여도 아이들에게는 다 필요한 동작들이다.

아이들은 본질적으로 움직이는 것을 좋아한다. 인간을 비롯한 대부분의 동물은 움직이는 것이 곧 생명 유지로 이어진다. 물론 그런 사실을 알고 움직이는 것은 아니다. 몰라도 움직인다. 움직여야 살 수 있기 때문이다.

먹이를 쫓아 달리는 것은 먹지 않으면 살 수 없기 때문에 하는 움직임이다. 사냥처럼 필요에서 나온 움직임은 배우고 익혀야 할 수 있다. 그런 과정을 기꺼이 수용하는 이유는 아마도 인간이 움직이는 것에서 생리적인 쾌감을 느끼기 때문이 아닐까 싶다. 그런 쾌감이 움직임을 촉진하기 때문에 아이들도 움직이는 것 자체를 기뻐하고 즐거워하는 것이다. 그렇지 않다면 인류는 지금까지 생존하지 못했을 것이다.

개는 집 안에만 있으면 시무룩해진다. 움직이고자 하는 욕구가 충족되지 못해 스트레스를 받기 때문이다. 그래서 가까운 곳에 산책이라도 데리고 나가야 한다. 인간이라고 다를 바 없다. 아이들이 움직이지 못해 안달인 것은 그것이 동물로서 살아가는 데 필요하기 때문일 것이다. 본래부터 움직이기를 싫어하는 아이는 없다. 있다면 뭔가 특별한 이유가 있을 것이다.

아이들이 피곤할까 봐 노는 시간을 제한할 필요는 없다. 물론 아주 위험한 놀이라면 말려야 한다. 놀이를 잘 찾고 만들 줄 아는 아이라면 그 때문에 스트레스를 받지는 않는다. 금세 새로운 놀이를 찾는 데 집중할 것이다.

노는 것 자체를 막거나 좁은 공간에 얌전히 있게 하면 아이들은 스트레스를 크게 느낀다. 어른들은 스트레스를 받을 때 그에 맞서는 호르몬이나 항산화물질 등이 나오지만 아이들은 아직 그런 작용이 원활하지 않다. 아이들은 스트레스에 대한 저항력이 부족하기 때문에 자칫 건강도 해칠 수 있다.

아이도 동물도 움직이는 것을 좋아한다

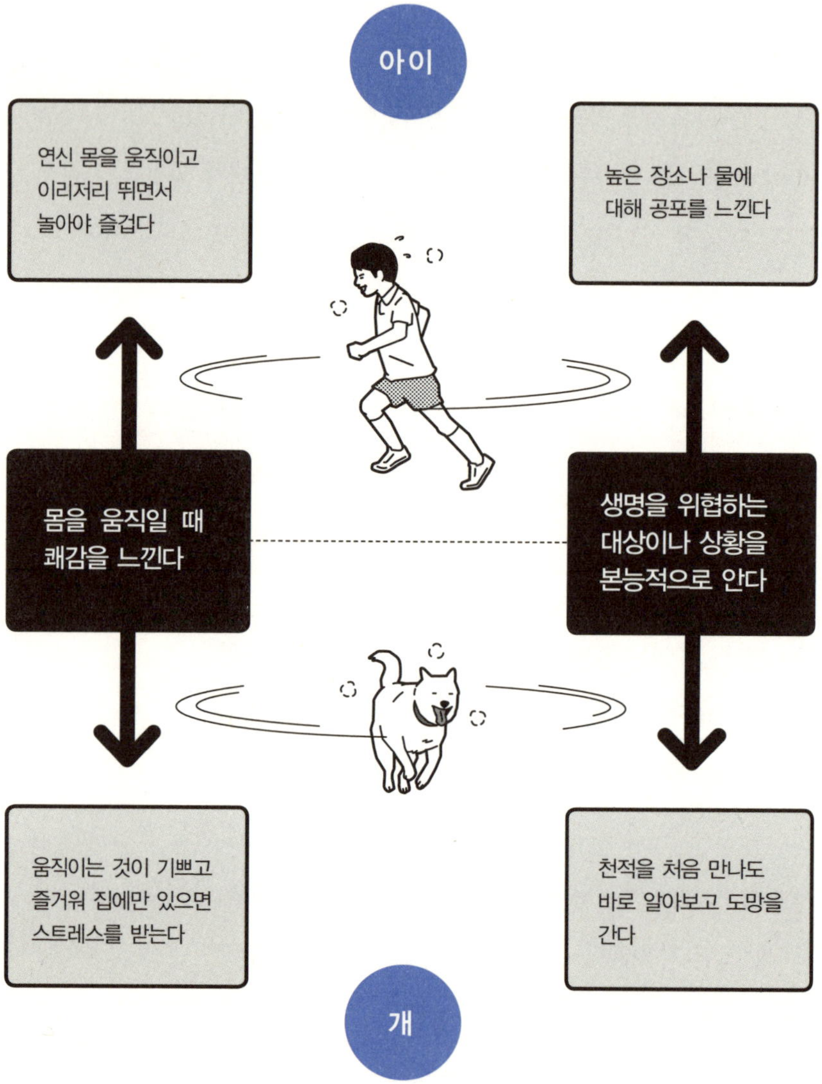

아이

연신 몸을 움직이고
이리저리 뛰면서
놀아야 즐겁다

높은 장소나 물에
대해 공포를 느낀다

몸을 움직일 때
쾌감을 느낀다

생명을 위협하는
대상이나 상황을
본능적으로 안다

움직이는 것이 기쁘고
즐거워 집에만 있으면
스트레스를 받는다

천적을 처음 만나도
바로 알아보고 도망을
간다

개

그래서 평소에 적당한 신체 활동으로 기분 좋게 피로를 느끼고 푹 자는 버릇을 들이는 것이 좋다. 아이에게 이런 생활 리듬을 만들어주면 자연히 스트레스와 멀어진다. 건강해야 맘껏 놀 수도 있고 근력도 키울 수 있다.

아이들과 동물은 본능적으로 움직이는 것을 좋아하지만 큰 차이라면 아이들은 자라면서 신체 활동보다 더 흥미로운 대상을 발견한다는 점이다. 예를 들면 TV나 컴퓨터게임 같은 것이다. 몸으로 하는 놀이보다 더 재미있는 놀 거리가 생기면 그때부터는 몸 놀이의 가치를 찾지 못하게 된다.

그러니 어릴 적부터 몸을 움직여 노는 즐거움을 알게 해야 한다. 움직임의 쾌감을 몸이 익히면 초등학생이 돼서 게임을 알게 되더라도 신체 활동을 게을리하지 않는다. 몸 놀이가 얼마나 신나는지 체험해보지 않으면 틈만 나면 쭈그리고 앉아 게임기만 들여다보는 그런 아이가 된다.

우리 어릴 적에는 몸을 움직여 노는 것이 얼마나 즐거운지 누가 가르쳐주지도 않았고 그럴 필요도 없었다. 집 밖에만 나가면 산이며 들이며 온 동네를 쏘다니다 지쳐야 집에 돌아왔다. 지금은 주변에서 그런 자연환경을 찾기가 어렵다. 몸 놀이의 부재는 곧 놀이 환경의 부재에서 비롯된 것이다.

아이들이 맘껏 뛰놀 수 있는 자연환경을 마련하기 어렵다면 현실적인 대안은 바로 근력 트레이닝을 시키는 것이다.

어른들은 대개 근육을 키우거나 근력을 기르기 위해 근력 트레이닝을 한다. 가슴근육을 두껍게 하거나 몸매를 다듬으려는 목적도 있다. 요즘에는 내장지방을 줄여 생활습관병을 예방하려는 사람들이 많다.

어린이 근력 트레이닝의 목적은 이와 다르다. 아이들에게 근력 트레이닝을 시키는 첫째 목적은 근육 사용법을 익히는 것이다. 자신이 생각하는 대로 몸을 움직일 수 있게 근육과 뼈를 단련하고, 바른 동작을 위한 프로그램을 뇌에 입력한다. 이를 기본으로 하고 아이들의 신체 발육 단계별로 근력 트레이닝의 구체적인 목표를 설정하고 적절한 방법을 적용한다.

유아기에 하는 근력 트레이닝의 목표는 초등학교 입학 전까지 아이가 아이답게 활발히 뛰놀 수 있도록 몸의 기초를 만드는 것이다. 부모 입장에서는 기대에 못 미칠 수 있겠지만 이런 목표로 운동을 해야 할 만큼 요즘 아이들은 체력이 매우 약하다. 밖에서 맘껏 뛰놀던 우리 어릴 때 수준만큼 우리 아이들의 근육과 뼈, 신경계를 튼튼히 만들어서 근육이 본래 발휘해야 하는 능력을 제대로 발휘할 수 있게 해야 한다.

아이들의 몸은 영양을 섭취하면 자라지만 근육은 다르다. 사용하지 않으면 근력이 떨어져 몸을 제대로 지탱하지 못한다. 그러면 근육을 바르게 사용하는 법도 뇌에 프로그램 되지 않는다. 신나게 뛰놀 수 있을 만큼이라도 몸을 만들어두지 않으면 초등학교에 들어가서는 체육 시간에 하는 일반적인 신체 활동을 하다가도 부상을 입을 수 있다.

어린이 근력 트레이닝은 어른이 하는 근력 트레이닝과 내용도 다르다. 본래 근력 트레이닝은 근육의 여러 가지 생리학적 기능을 향상시키기 위한 운동이다. 따라서 복잡하고 어렵거나 위험한 동작은 피하고 되도록 단순하고 안전한 동작으로 원하는 기능을 높이는 것이 원칙이다.

흔히 생각하듯 보디빌더처럼 울퉁불퉁한 근육을 만드는 것만이 근력 트레이닝의 목적은 아니다. 필요에 따라 근육을 굵게 만들거나 근력과 근지구력을 키우기도 하지만 기본 목적은 근육의 기능을 가장 효율적으로 향상시키는 것이다.

그래서 복잡한 동작은 근력 트레이닝에 맞지 않는다. 누구나 할 수 있는 쉽고 단순한 동작이 기본이다. 어린이 근력 트레이닝은 아이들에게 필요한 최소한의 근력을 만드는 운동이므로 바른 동작을 위한 보조 프로그램을 만드는 운동과는 다르다. 유아기에 하는 근력 트레이닝에서는 무릎이나 팔꿈치를 구부리는 동작이 많기 때문에 그 정도의 기초적인 보조 프로그램이 뇌에 입력될 것이다. 요즘 아이들 몸이 우리 어릴 때처럼 놀면서 단련된 몸과 비슷한 수준이 되려면 근력 트레이닝과 더불어 역시 밖에서 하는 몸놀이가 필요하다.

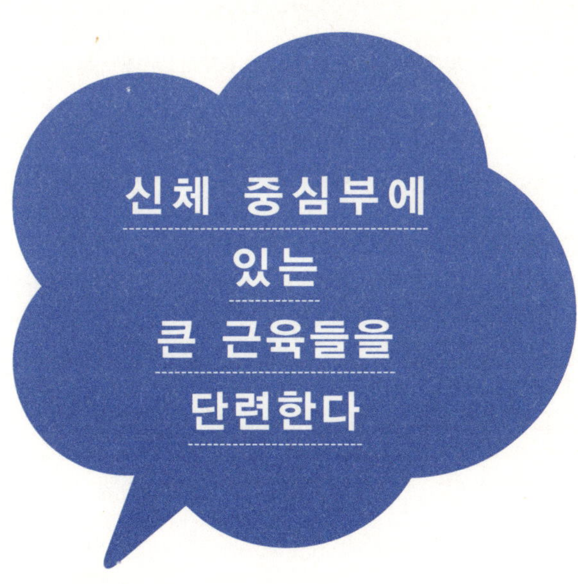

어린이 근력 트레이닝에서는 주로 다리, 엉덩이, 체간의 근육을 단련한다. 일상적인 동작이나 운동에서 힘을 발휘하는 시작점은 다리나 엉덩이 또는 체간에 있는 큰 근육들이다. 이 큰 근육들이 먼저 힘을 내고, 그 힘이 말단의 근육까지 전달돼야 비로소 동작이 완료된다.

예를 들어 공을 던질 때도 속도를 가장 크게 내는 부분은 손끝이지만 그 속도는 다리나 엉덩이 또는 체간에서 전달된 것이다. 이처럼 근육이 힘을 전달하는 방식을 보더라도 어릴 적에 신체 중심부에 있는 큰 근육들을 단련해두는 것이 좋다.

아기들은 누워 있다 몸을 뒤집고 기다가 일어선다. 여기서 '뒤집기'와

'기기'는 일상적인 동작에 반드시 필요한 신체 중심부 근육을 단련하는 효과적인 운동이다. 근육의 작동 원리로 볼 때 그 부위부터 단련하는 것이 이치에 맞다.

큰 근육을 단련하면 말단 근육도 자연히 튼튼해진다. 예를 들어 '무릎 굽혀 앉았다 일어서기(스쿼트)'에서는 주로 넓적다리 근육을 사용하지만 발끝까지 힘이 확실히 전달돼야 비로소 동작이 완료된다. 동작이 완료됐다는 것은 신체 중심부 근육이 낸 힘이 말단 근육까지 전달되고, 말단 근육은 그 큰 힘을 견디면서 다시 손끝이나 발끝까지 에너지를 전달했다는 뜻이다. '무릎 굽혀 앉았다 일어서기'는 넓적다리 근육을 단련하는 종목이지만 실제로는 발끝의 근육까지 단련된다.

표준적인 '무릎 굽혀 앉았다 일어서기' 동작에서는 주로 대퇴사두근(넓적다리 근육)을 사용하지만 고관절도 함께 늘려야 하므로 대둔근(엉덩이 근육)과 햄스트링 근육(넓적다리 뒷면에 있는 근육)도 사용한다. 또 등을 펴기 위해 척추기립근을 사용하고, 발목을 늘리기 위해 종아리 근육도 사용한다. 그 밖에도 목을 고정하기 위해 승모근(어깨에서 목, 등에 걸쳐 있는 근육)을 사용한다.

'무릎 굽혀 앉았다 일어서기'는 단순해 보이지만 생각보다 많은 근육을 사용하기 때문에 실제로는 전신운동에 가깝다. 근력 트레이닝의 대표 종목으로 꼽는 이유도 이 때문이다. 물론 어린이 근력 트레이닝에도 포함돼 있다.

아이의 하체(다리와 허리) 근육을 단련시키려고 갑자기 토끼뜀이나 줄넘기를 시키는 부모가 있다. 앞에서도 말했지만 착지할 때는 생각보다 충격이 크기 때문에 위로 뛰어오르는 동작은 위험하다. 그런 점에서 '무릎 굽혀 앉았다 일어서기'는 줄넘기보다 훨씬 더 안전하다.

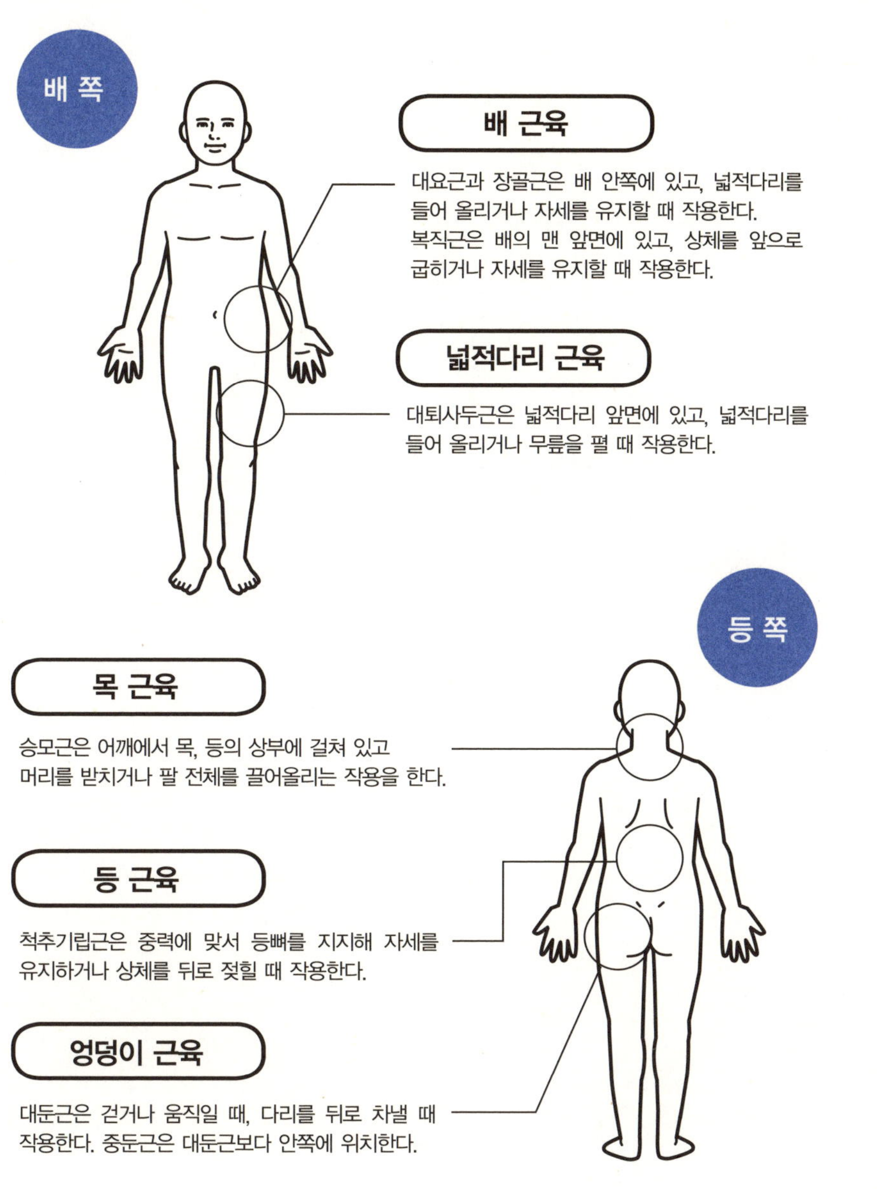
배 쪽

배 근육

대요근과 장골근은 배 안쪽에 있고, 넓적다리를
들어 올리거나 자세를 유지할 때 작용한다.
복직근은 배의 맨 앞면에 있고, 상체를 앞으로
굽히거나 자세를 유지할 때 작용한다.

넓적다리 근육

대퇴사두근은 넓적다리 앞면에 있고, 넓적다리를
들어 올리거나 무릎을 펼 때 작용한다.

등 쪽

목 근육

승모근은 어깨에서 목, 등의 상부에 걸쳐 있고
머리를 받치거나 팔 전체를 끌어올리는 작용을 한다.

등 근육

척추기립근은 중력에 맞서 등뼈를 지지해 자세를
유지하거나 상체를 뒤로 젖힐 때 작용한다.

엉덩이 근육

대둔근은 걷거나 움직일 때, 다리를 뒤로 차낼 때
작용한다. 중둔근은 대둔근보다 안쪽에 위치한다.

어린이 근력 트레이닝에서 하는 동작은 크거나 급한 동작이 아니므로 원하는 근육이 확실히 작용하게 하려면 다음 세 가지 주의사항을 꼭 지켜야 한다.

- 부자연스러운 방향으로 움직이지 않는다.
- 외부에서 큰 부하를 주지 않는다.
- 갑자기 큰 힘을 내지 않는다.

부하는 아이 자신의 체중으로 충분하다. 어른처럼 바벨이나 운동기구를 이용해 자신의 체중보다 더 큰 부하를 주지 않도록 한다. 초등 저학년 때까지는 아직 근육이 기능적으로 분화되지 않기 때문에 아무리 부하를 주어도 근육이 굵어지지 않는다. 큰 부하를 주는 트레이닝은 성장기가 끝나고 하는 편이 안전하고 효과적이다.

유아기에 하는 근력 트레이닝에서는 신체 중심부의 큰 근육을 단련하면서 관절을 바르게 구부리고 펴는 법과 안전하고 효과적으로 근육을 사용하는 법을 익힌다. 또 이를 통해 관련 프로그램이 뇌에 생성되게 하는 것이 목표다.

아이들은 관절이 유연해서 어른들이 못하는 동작도 거뜬히 해낸다. 예를 들어 무릎에 있는 관절(경첩관절)은 여닫이문에 달린 경첩과 마찬가지로 구부리거나 펴는 것밖에 되지 않지만 어릴 때는 부드러워서 꽤 많이 비틀 수 있다. 아이가 장난삼아 그런 동작을 할 때 그대로 두었다가는 관절이 손상돼 성장 후에 통증이 나타날 수 있다. 아이가 동작을 할 때는 관절의 구조에 맞춰 무리가 가지 않게 움직이도록 어른들이 가르쳐야 한다.

‘무릎 굽혀 앉았다 일어서기’는 동작이 단순해서 아이가 무릎을 바르게 구부렸는지 비교적 쉽게 알 수 있다. 무릎을 구부리거나 펼 때 무릎이 안쪽(내반)이나 바깥쪽(외반)으로 꺾이지 않는지, 무릎이 발끝보다 앞으로 나오지 않는지 잘 살펴가며 관절을 바르게 움직이는 법을 가르친다. 이런 기본 트레이닝으로 관절과 근육을 바르게 사용하는 법을 익히고, 뇌에 프로그램으로 입력해두면 근력을 키우는 데도 도움이 된다.

아이가 동작을 할 때는 고관절(엉덩관절)의 움직임도 잘 살펴봐야 한다. 고관절은 우리 몸에서 가장 큰 힘을 내는 관절이다. 고관절을 바르게 사용하려면 넓적다리 근육과 넓적다리 뒷면 근육, 엉덩이 근육을 사용해서 고관절에서 골반에 이르는 움직임을 제대로 조절할 수 있어야 한다.

등뼈는 짧은 뼈가 여러 개 연결돼 있어 관절도 여러 개다. 그래서 움직임이 자유롭다. 등뼈를 구부리거나 펴면 웬만한 자세는 다 만들 수 있다. 어린 아이들은 관절이 유연해서 이런 특성이 더 강하다. 그래서 아이들은 등을 둥글게 말아 의자에 앉아 있어도 아무렇지 않다.

옛날에는 어릴 때 등이 굽으면 커서도 고양이 등처럼 구부정해진다고 해서 등에 곧은자를 넣어두었다고 한다. 목적은 등을 똑바로 세우려는 것이지만 고관절, 골반, 요추(허리뼈)로 이루어진 체간, 즉 신체의 중심축을 곧게 세우는 효과도 있다.

특히 아이들은 몸을 앞으로 숙이거나 펼 때 등뼈를 많이 사용한다. 딱히 나쁜 버릇은 아니지만 고관절을 사용해 움직이도록 가르치면 동작이 더 강해지고 자세도 바로잡힌다. 등을 똑바로 세우고 ‘무릎 굽혀 앉았다 일어서기’를 하게 하면 고관절을 사용하게 되므로 효과적이다.

무릎관절을 바르게 움직인다

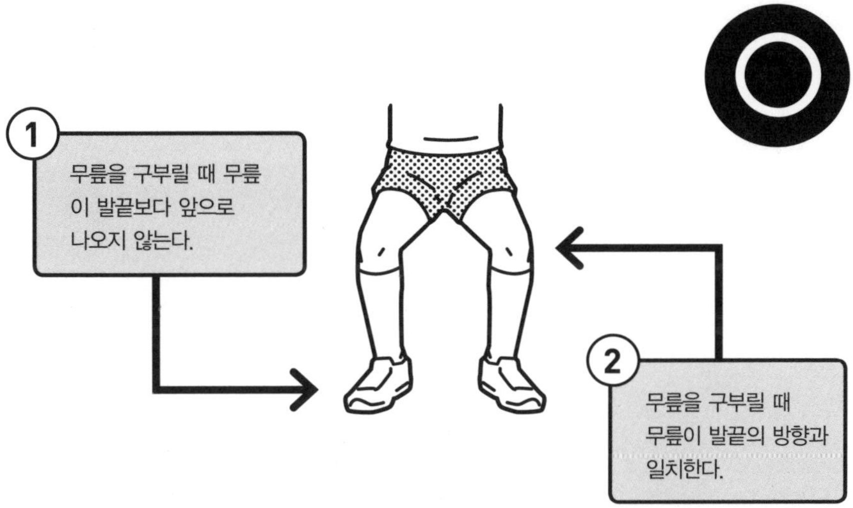
1
무릎을 구부릴 때 무릎이 발끝보다 앞으로 나오지 않는다.
2
무릎을 구부릴 때 무릎이 발끝의 방향과 일치한다.

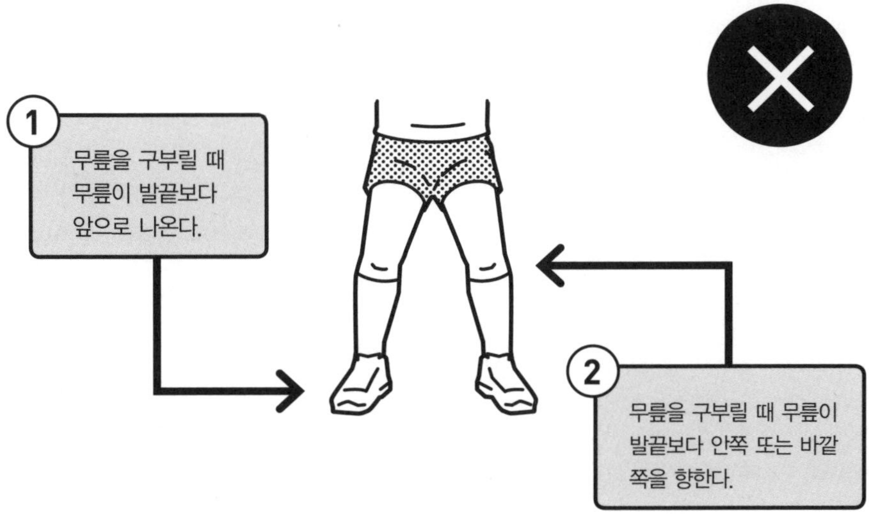
1
무릎을 구부릴 때 무릎이 발끝보다 앞으로 나온다.
2
무릎을 구부릴 때 무릎이 발끝보다 안쪽 또는 바깥쪽을 향한다.

아이들은 몸을 숙인 상태에서 일어설 때 대부분 등을 둥글게 만다. 그럴 때도 등과 고관절의 근육을 사용하도록 지도하면 넓적다리나 엉덩이 근육을 사용하는 법도 함께 배우게 된다. 의자에 앉을 때는 대개 보통 때보다 등을 좀 더 펴고 엉덩이부터 바닥에 내리기 때문에 의자에 앉았다 일어서는 동작을 천천히 여러 번 하게 하는 것도 좋다.

어릴 때 관절을 바르게 움직이고 하체 동작을 정확하게 익히면 아이의 잠재된 운동 능력을 깨우는 데 도움이 된다. 그렇다고 당장 달리기에서 1등을 하게 되는 것은 아니다. 운동 수행 능력에는 근력이나 뼈 길이, 자세 같은 여러 요인이 관여하기 때문에 신체를 바르게 사용하는 법을 배웠다고 모든 종목을 다 잘할 수 있는 것은 아니다. 그러나 타고난 운동 능력을 발휘하는 정도에는 차이가 생긴다.

어릴 때 잘못된 자세가 그대로 굳어지면 운동경기를 하다 다치거나 심하면 장애를 겪게 될 수 있다. 야구나 골프를 비롯해 모든 운동경기에서 요구하는 신체 동작은 결코 간단하지 않다. 인위적인 동작이라 관절을 비틀어야 할 때가 많다. 심하면 관절을 비튼 상태에서 점프도 한다. 그럴 때 관절을 구부리거나 비트는 방향과 범위가 관절의 구조에 맞지 않으면 부상을 입거나 나중에 고질적인 통증에 시달리게 된다. 아이들은 관절이 유연한 편이지만 잘못된 방법으로 반복해서 관절을 움직이면 결국 손상을 입게 된다.

문제는 또 있다. 관절의 움직임이 바르지 않으면 동작에서 반드시 사용해야 하는 근육을 제대로 사용하지 못하게 된다. 팔꿈치를 구부리는 단순한 동작에도 상완이두근, 상완근, 완요골근, 원회내근의 네 가지 근육을 사용한다. 이 밖에도 팔꿈치를 안정시키기 위해 본래는 팔꿈치를 펴는 근육인 상완삼두근도 사용한다. 잘못된 동작이 몸에 배면 이런 근육 중 어느 하나만 지나치게 쓰거나 거의 쓰지 않게 된다.

이런 일이 거듭되면 결국 근육의 균형이 무너진다. 많이 쓰는 근육은 그만큼 강해지지만 쓰지 않는 근육은 발달하지 않는다. 어릴 때는 그래도 별 문제 없이 움직일 수 있지만 근력의 균형이 깨지면 자주 쓰는 근육이 내는 힘으로 인해 관절이 손상되기도 한다. 운동경기에서도 동작을 할 때 필요한 근육을 고루 사용하지 못하면 당연히 경기력이 떨어지고 아이들의 잠재 능력도 제대로 발휘되지 않는다.

우리 몸에 있는 근육을 해부학적으로 나누면 약 400가지이고, 더 자세히 나누면 600가지나 된다. 이렇게 많은 근육을 개별적으로 강화하는 것은 불가능하다. 기본 트레이닝 종목에서 단련하는 근육은 고작 20가지 정도다. 나머지는 트레이닝 중에 보조적으로 쓰일 때 단련되거나 그 밖의 다양한 움직임을 할 때 강화된다.

주근육 외에 이런 보조 근육들도 단련해야 할까? 온몸을 사용하는 동작이나 운동에서는 효과가 금세 나타나지 않지만 근력의 균형을 잡으려면 단련해야 한다. 이런 근육들은 어른이 돼서도 단련할 수 있지만 어릴 때 하는 것보다는 효과가 훨씬 덜하다. 어른과 달리 아이들은 근력 트레이닝을 할 때 원하는 근육뿐만 아니라 보조 근육에도 자극을 줄 수 있기 때문이다.

어릴 때 근력 트레이닝 동작을 하면 다양한 근육이 작용하기 때문에 몸이 근육을 바르게 사용하는 법을 기억하게 된다. 그러면 어른이 돼서 주근육을 단련할 때도 보조 근육이 함께 작용하므로 근육이 고루 발달한다.

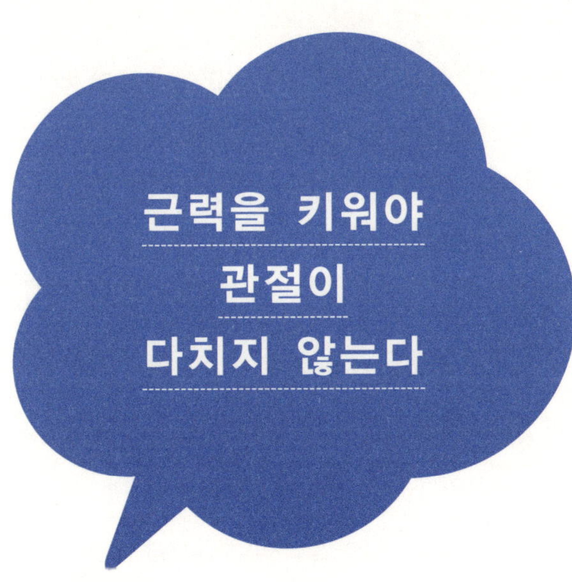

뼈나 근육과 마찬가지로 아이들의 관절도 어른의 관절과 다르다. 근력 트레이닝을 지도할 때는 이 점을 꼭 기억해야 한다. 아이들의 관절은 환경에 적응하는 방향으로 형성돼가는 중이라 관절의 구조 자체가 아직 미숙하다. 관절뿐만 아니라 관절을 싸고 있는 관절포라는 막이나 관절을 안정시키는 인대, 관절과 연결된 뼈, 뼈와 뼈 사이의 근육도 모두 성장 과정에 있다. 관절 주변의 요소들이 아직 고정되지 않아 관절의 가동 범위가 넓다.

관절이 딱딱한 아이들도 있기는 하지만 일반적으로 어른보다 아이들의 관절이 더 부드럽다. 체조나 리듬체조 선수들은 상식을 넘는 수준까지 관절이 움직인다. 해부학적으로 보면 위험할 정도로 관절이 느슨하다. 보통 사람 같으면 부상을 입을 수 있는 한계 영역을 넘어서까지 관절이 움직이는 것을 보면 관절 구조가 보통 사람과 다르다고밖에 할 수가 없다.

관절이 그 정도로 섬세하고 유연하려면 몸이 완성되기 전에 관절이 체조 동작에 익숙해져야 한다. 어릴 때는 관절이 유연하기 때문에 그런 동작에도 관절이 손상되지 않도록 구조적으로 적응해가며 근육을 안전하게 사용하는 법을 익힐 수 있다.

아이를 리듬체조 선수로 키울 생각이 없다면 관절을 그 정도까지 유연하게 만들 필요는 없다. 물론 관절의 가동 범위가 넓으면 관절을 크게 움직여도 잘 어긋나지 않고 관절이 갑자기 외력을 받아도 잘 다치지 않는다. 하지만 이런 장점만 믿고 관절을 너무 심하게 움직이면 오히려 관절이 손상될 수 있다.

유아기에는 관절의 가동 범위를 넓히는 것보다 관절을 바르게 구부리고 펴는 법을 익히는 것이 중요하다. 그와 동시에 관절 주변의 근육도 충분히 단련해두어야 한다. 관절 주변의 근력이 약하면 관절이 너무 많이 움직여 어긋나기 쉽다. 관절과 근육은 표리일체라고 생각해야 한다. 관절은 부드러운데 근력이 약하면 근육이 관절을 지탱하지 못해 부상을 입을 수도 있다.

어떤 동작을 하더라도 관절을 움직이는 근육이 계속해서 큰 힘을 내면 관절이 쉽게 손상된다. 심하면 관절이 어긋나기도 한다. 관절을 바르게 구부리고 펴는 법을 몸으로 익히고 주변 근육도 단련해두면 관절이 항상 제 위치에서 움직이게 되므로 부상을 막을 수 있다.

아이들은 놀다 지치면 때와 장소를 막론하고 잠이 든다. 낮이건 밤이건 버스나 지하철 안에서도 잘도 잔다. 졸린 것은 피곤하다는 표시이니 이럴 때는 상황이 허락하는 범위에서 충분히 재우는 것이 좋다.

잘 자는 아이가 잘 큰다고 하는 이유는 수면 중에 성장호르몬이 분비되기 때문이다. 잠만 잘 자도 온몸이 신속하게 회복되어 성장이 촉진된다는 뜻이다. 게다가 자는 동안 중추신경계가 쉴 수 있으니 이런 점에서도 수면은 매우 중요하다.

성장호르몬은 지방 대사를 촉진하는 작용도 한다. 수면 중에 성장호르몬이 분비되면 체지방이 분해돼 에너지로 소비되기 쉬운 상태가 된다. 푹 자고 일어나 충분히 몸을 움직여 놀면 그만큼 에너지 소비가 늘어나기 때문에 에너지가 남아 지방으로 쌓이는 일이 줄어든다.

성장호르몬은 비렘수면(Non-REM) 상태에서 왕성하게 분비된다. 비렘수면은 빠른 안구 운동이 나타나지 않는 깊은 수면을 말한다. 어른이나 아이 모두 잠든 지 1시간쯤 지나면 비렘수면 상태에 이른다고 알려져 있다. 잠이 깊이 들어서 성장호르몬이 나오는 것인지, 성장호르몬이 나와서 잠이 깊이 드는 것인지는 아직 모르지만 어쨌든 성장호르몬 분비 시점은 비렘수면 단계와 일치한다.

어른이 되면 아동기나 성장기에 비해 성장호르몬 분비 횟수가 줄어든다. 성장기를 지나면 한 번에 분비되는 양도 대폭 감소한다. 이런 점만 보더라도 아이들에게 수면이 얼마나 중요한지 알 수 있다.

성장호르몬은 잠이 들고 나서 얼마 되지 않아 나오기 시작하므로 오래 잔다고 분비량이 늘어나는 것은 아니다. 아이들에게 알맞은 수면 시간이 따로 정해져 있는 것도 아니니 얼마나 재울지 고민할 필요가 없다. 평소에 아이를 실컷 놀게 하고 푹 쉬게 하면 된다. 그러면 근력 트레이닝의 효과도 높아진다.

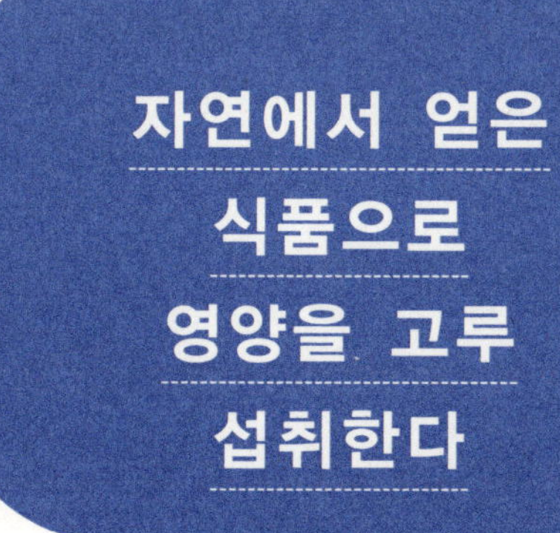

평소에 영양과 열량을 고려해 식탁을 차린다면 아이들의 근력 트레이닝 효과를 높이려고 굳이 특별한 음식을 준비하거나 식단을 바꿀 필요는 없다. 하루 세끼 충실히 먹이면 그것으로 충분하다. 요즘은 시장이나 마트에서 구할 수 있는 식재료만 가지고도 아이들에게 필요한 영양을 충분히 공급할 수 있다.

어린이용 비타민이나 미네랄 제제 같은 영양보조제도 있지만 특정 영양소만 인공적으로 추출해 여러 차례 가공을 거친 것이라서 말 그대로 보조적인 기능밖에 하지 못한다. 특정 식품에 알레르기가 있어 필요한 영양소를 제대로 섭취하지 못하는 경우가 아니라면 어릴 때는 굳이 영양보조제를 먹지 않아도 된다.

단백질이나 비타민, 무기질도 모두 음식에서 얻는 것이 바람직하다. 자양분이 풍부한 토양에서 자란 곡물과 채소, 여러 종류의 원소가 녹아 있는 바다에서 자란 생선과 해조류 등에는 미량영양소를 비롯해 각종 영양소가 고루 들어 있다. 인체의 생리 기능을 조절하거나 근육이 성장하는 데도 미량영양소는 반드시 필요하다.

인체 건강에 필수적인 미량영양소 중에 '셀레늄(Se)'이 있다. 셀레늄이 부족하면 질병에 대한 저항력이 떨어진다. 한 예로 중국의 케산(Keshan) 지방의 주민들은 케산병이라는 풍토병을 많이 앓았는데, 조사 결과 이 지역의 토양과 물에 셀레늄이 매우 적다는 사실이 밝혀졌다. 주민들은 자급자족으로 생활해온 탓에 다른 지역의 식품으로 셀레늄을 보충할 기회가 없었던 것이다.

셀레늄을 비롯해 아연(Zn)이나 구리(Cu) 같은 금속원소는 왠지 건강에 해로울 것 같지만 사실은 인체가 정상적인 생리 기능을 유지하는 데 매우 중요한 필수영양소다. 과다 섭취는 건강에 해롭지만 전혀 섭취하지 않으면 생명을 유지할 수 없다. 영양보조제에 의존하지 말고 가공식품 섭취도 줄이면서 자연에서 얻은 식품으로 우리 몸에 필요한 영양소를 고루 적당량 섭취하면 근력 트레이닝의 효과도 저절로 높아질 것이다.

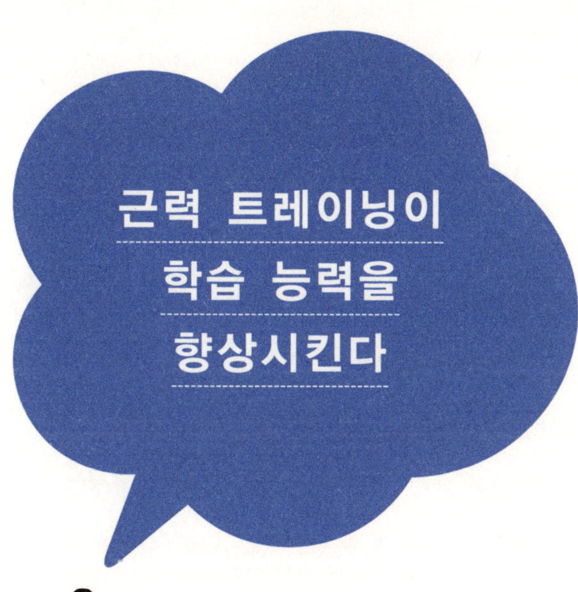

운동은 학습에도 도움이 된다. 인간을 대상으로 운동이 학습 능력에 어떤 영향을 미치는지 조사한 연구 결과는 없다. 예를 들어 운동을 많이 시키는 그룹과 전혀 시키지 않는 그룹으로 나누어 같은 기간에 같은 내용을 가르친 후 시험을 봐서 운동 효과를 확인하는 것은 윤리적으로 허락되지 않기 때문이다.

그래서 연구자들은 쥐를 이용해 실험을 했다. 쥐에게 러닝 같은 운동을 장시간 지속하게 했더니 미로를 찾는 데 걸리는 시간이 줄어들었다. 또 운동을 많이 시킨 쥐는 뇌에 있는 해마의 신경세포가 증가했다. 해마는 뇌의 관자엽에 있으며 학습과 기억에 관여한다. 특히 단기 기억을 장기 기억으로 전환하는 데 중요한 역할을 한다.

이 연구 결과를 보고 미국의 어느 주에서는 초등학교 수학 수업 전에 반드시 체육 수업을 하도록 했다고 한다. 동물실험에서 나온 결과이기는 하지만 인간도 운동을 하면 해마의 신경세포가 증가할 것으로 생각된다. 특히 신경계가 한창 발달하는 단계에 있는 아이들은 어른들보다 효과가 더 크게 나타날 것이다.

그러나 해마의 신경세포 수가 증가했다고 아이들이 금세 영리해지는 것은 아니다. 신경세포가 늘어나기만 해서는 소용이 없다. 늘어난 신경세포가 활성화돼야 기억력이나 학습 능력이 높아진다. 그러려면 우리 뇌에 더 복잡한 신경 연락망이 만들어져야 한다. 메모리 용량을 늘린 컴퓨터에 고성능 소프트웨어를 설치하는 것과 비슷하다. 메모리 용량만 늘린다고 컴퓨터가 갑자기 복잡한 작업을 척척 수행할 수 있는 것은 아니기 때문이다.

앞에서 말했듯이 뇌는 출력 의존형 시스템이다. 실제로 몸을 움직여야 근육과 관절을 바르게 사용하는 법을 습득할 수 있듯이, 깊이 사고하고 추론하는 기회가 많아야 신경 회로가 늘어난다.

운동이나 학습이나 프로그램을 획득하는 원리는 마찬가지다. 뇌로 하여금 다양한 출력을 하도록 해야 뇌가 깨어난다. 운동을 하면 해마의 신경세포가 증가한다고 하니 기억력이나 학습 능력이 향상되기를 바란다면 근력 트레이닝으로 몸을 움직이고 나서 공부하는 것이 좋다.

다시 말하지만 운동이 먼저고, 공부는 그다음이다. 어린이 근력 트레이닝은 다치지 않고 살찌지 않는 몸만 만드는 것이 아니라 근력을 키우고 뇌도 단련시킨다. 아이가 슬슬 몸 놀이의 재미를 느끼게 되면 운동과 학습이라는 두 마리 토끼를 한꺼번에 잡을 수 있을 것이다.

운동은 정서적 균형을 회복하는 데도 도움이 된다. 먼저 일본 동북 지역에서 있었던 사례를 하나 소개하겠다. 학습 집중력이 지나치게 떨어지거나 은둔형 외톨이 또는 우울 증세를 보이는 아이들에게 일정 기간 매우 힘든 운동을 시킨 결과 정서적으로 크게 안정되었다고 한다.

아이들에게 시킨 운동은 장거리달리기다. 장거리라고 해서 마라톤을 할 때처럼 페이스를 조절해서 달리는 것이 아니다. 다리에 힘이 빠지고 숨이 차서 더는 달릴 수 없을 때까지 계속 달린다. 한계에 이를 때까지 자신이 가진 힘을 다 쓰는 것이 이 운동의 핵심이다.

운동 효과에 관한 몇 가지 연구 결과를 살펴보자. 동물실험에서는 운동을 하면 뇌에서 정서를 주관하는 영역이 전반적으로 활성화되는 것으로 밝혀졌다. 또 뇌에 있는 세로토닌 분비를 촉진하는 뉴런의 활성도도 높아진다고 한다. 뇌파를 측정해보니 운동 후에는 세로토닌 분비가 왕성해져서 차분해지고 머리도 맑아졌다고 한다. 답답하고 개운하지 않던 머리가 상쾌해지니 갑자기 화가 나거나 침울해지는 등의 극단적인 감정 변화가 잘 일어나지 않게 된다. 아마 앞에서 사례로 제시한 아이들도 이런 효과로 인해 정서적 안정을 되찾게 된 것이 아닐까 생각한다.

워킹 같은 유산소운동을 장기간 했을 때도 이와 유사한 효과가 나타난다고 한다. 일본 나가노 현 마츠모토 시에서는 고령자에게 일정 기간 워킹을 하게 했다. 공기가 맑은 산속을 조금 빨리 걷다가 조금 천천히 걷는 것을 반복하며 걷게 했다. 그 결과 우울 점수(우울 경향을 알아보는 심리 테스트 점수)가 낮아졌다고 한다.

이런 연구 결과로 미루어 주의가 산만하거나 타인의 말에 집중을 잘 못하고 감정의 기복이 심한 아이들은 운동을 통해 안정을 되찾을 수 있을 것으로 보인다. 특히 근육이 기능적으로 분화되기 전에는 주로 유산소운동을 하게 되므로 몸을 많이 움직이면 그만큼 뇌도 상쾌해질 것이다.

반대로 생각하면 어릴 때부터 놀이나 운동 부족으로 몸을 움직이는 기회가 적으면 정서적으로 문제가 생길 수 있다. 어릴 때는 단순히 주의가 산만한 정도지만 커가면서 사소한 일로 갑자기 화를 내는 등 공격성이 나타날 수 있다. 물론 운동 부족만이 원인은 아니겠지만 몸을 움직여 잘 놀면 그만큼 정서적으로도 안정되기 때문에 분노도 잘 다스릴 수 있게 된다.

운동을 하면 정서적으로 안정이 된다

정서적으로 불안정한 아이들(주의가 산만하거나 공격적이거나 우울하다)

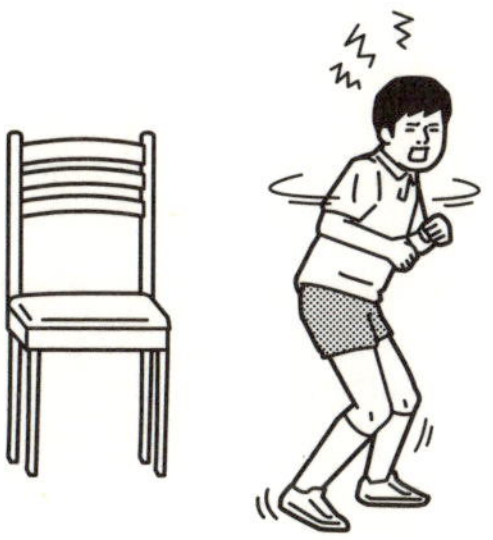

머리가 답답하고 개운하지 않다

↓

일정 기간 격렬한 운동을 시킨다

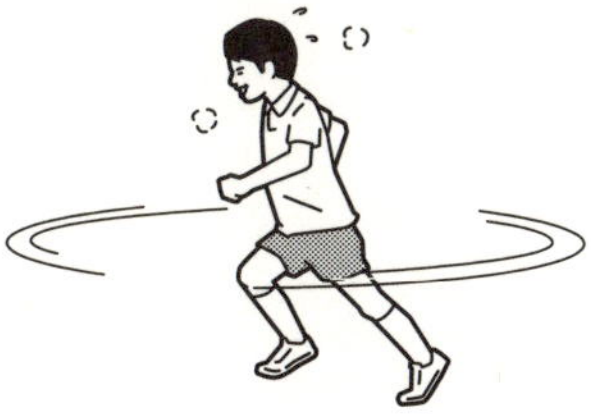

세로토닌 분비를 촉진하는 뉴런이 활성화된다

↓

정서적으로 안정이 된다

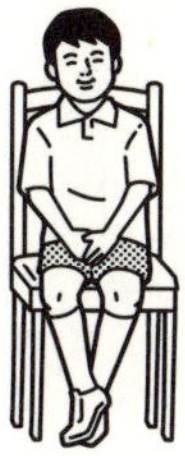

머리가 상쾌해진다

몸을 움직이는 게 즐거우려면 다치지 않아야 하고 원하는 대로 몸이 움직여주어야 한다. 그런 몸을 만드는 데 효과적인 방법이 바로 어린이 근력 트레이닝이다.

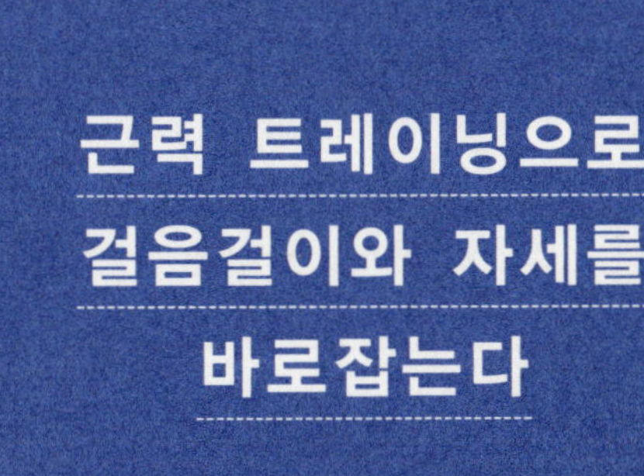

요즘은 젊은이들도 서거나 앉을 때 자세가 흐트러진다. 일시적인 원인이 아니라 어릴 때부터 잘못된 자세가 그대로 몸에 뱄기 때문이다. 잘못된 자세는 어른이 돼서도 교정할 수 있지만 대신 시간이 많이 걸린다. 어릴 때부터 등뼈 주변 근육과 고관절을 바르게 사용하는 법을 익히면 커서도 등뼈가 고양이 등처럼 굽지 않고 자세 때문에 일어나는 질환도 미리 막을 수 있다.

흔히 O다리, X다리라고 부르는 휜 다리도 골격에 유전적인 문제가 있거나 사춘기 이후에 일부러 비정상적으로 걷지 않았다면 가장 큰 원인은 어릴 때부터 걸음걸이가 잘못됐기 때문이다.

O다리는 고관절이 바깥쪽을 향하고 있어(외전) 그것을 상쇄하기 위해 무

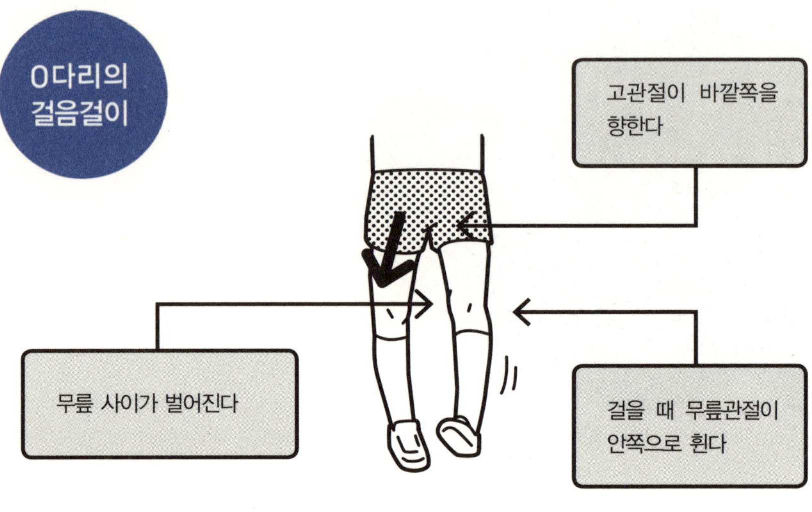
O다리의
걸음걸이
고관절이 바깥쪽을 향한다
무릎 사이가 벌어진다
걸을 때 무릎관절이 안쪽으로 휜다

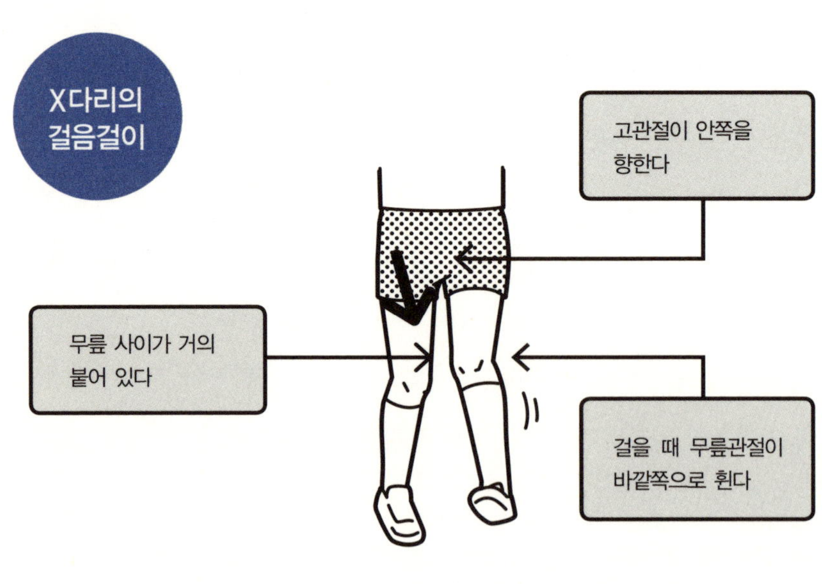
X다리의
걸음걸이
고관절이 안쪽을 향한다
무릎 사이가 거의 붙어 있다
걸을 때 무릎관절이 바깥쪽으로 휜다

릎관절이 안쪽으로 휜 상태(내반슬)다. 이와 반대로 X다리는 고관절이 안쪽을 향하고 있어(내전) 무릎관절이 바깥쪽으로 휜 상태(외반슬)다. 어릴 때는 교정이 가능하지만 그대로 두면 관절 구조가 비정상적으로 변한다.

걸을 때뿐만 아니라 뛸 때도 자세가 영 부자연스러운 사람들이 있다. 그 이유도 어릴 적의 잘못된 달리기 자세가 그대로 뇌에 프로그램 됐기 때문이다. 아이들은 관절이 유연해서 자세가 좀 이상해도 꽤 잘 달린다. 문제는 그런 자세에 익숙해지면 달릴 때 근육이 부자연스럽게 움직이고 그러한 움직임이 그대로 뇌에 프로그램 되고 마는 것이다. 어른이 되면 바로잡기 힘드니 어릴 때 일찍 교정해야 한다.

어릴 때는 자세나 동작이 자연스럽지 않아도 당장 몸에 이상이 생기지 않기 때문에 걷거나 달리는 데는 딱히 지장이 없다. 그러다 잘못된 자세가 그대로 굳어질 수 있으니 얼른 어른이 나서서 바로잡아주어야 한다. 관절을 구부리거나 펴는 법을 정확히 가르치면 걷거나 달리는 자세도 차츰 좋아질 것이다.

근력 트레이닝이 아이의 뼈 성장을 방해해 키가 잘 자라지 않게 될까 봐 걱정한다면 안심해도 된다. 성장기에 과도한 부하를 주지 않고 근력 트레이닝을 하면 오히려 키가 크는 데 도움이 된다. 성장 단계에 맞춰 근육을 바르게 사용하면 뼈 성장이 촉진되기 때문이다. 물론 근력 트레이닝을 한다고 모든 아이가 유전적 한계를 넘어서까지 자랄 수 있는 것은 아니다.

뼈가 길이 방향으로 자라는 데 가장 큰 영향을 미치는 것은 성장호르몬이다. 성장호르몬이 과잉 분비되면 신체 말단의 뼈가 과도하게 증식해 말단 비대증이 나타나기도 한다. 이런 점에서 성장에 필요한 호르몬이 제때 분비될 수 있는 생활습관과 환경을 만들어주는 것이 중요하다.

　　성장기에는 무거운 바벨이나 운동기구를 사용하는 고강도 트레이닝은 피해야 한다. 점프 동작을 반복하는 격렬한 운동도 좋지 않다. 뼈에 과도한 부하를 주면 연골이 눌려 뼈가 제대로 자라지 못한다. 외부에서 큰 부하를 주기보다는 자신의 체중을 이용해 충분하고 확실하게 근력을 내는 운동을 하는 것이 좋다. 그 결과 내분비계가 활성화되면 호르몬 분비가 왕성해지고, 그것이 뼈에 작용해 성장을 촉진한다.

어린이 근력 트레이닝 실천 요령

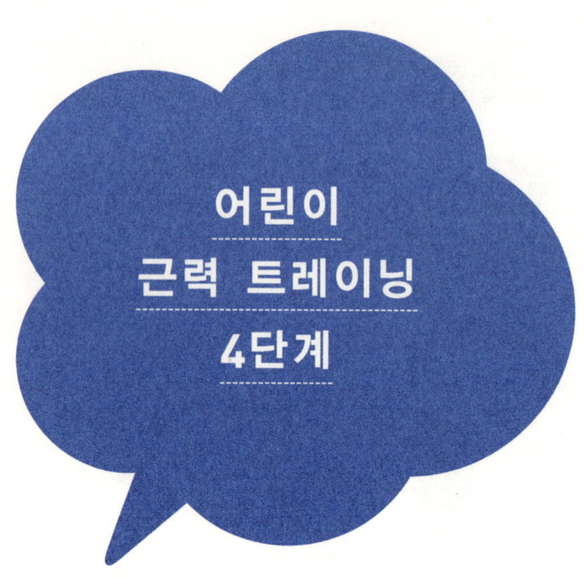

한창 자라고 있는 아이들의 몸은 성장이 끝난 어른의 몸과 다르다. 아이들의 몸도 다 같지는 않다. 초등학생만 해도 고학년은 저학년과 신체 발달에서 큰 차이가 난다. 그래서 어린이 근력 트레이닝은 유아기부터 시작해 청소년기를 포함한 4단계로 구성하고 다리와 엉덩이, 체간의 근육을 단련하면서 각 단계마다 트레이닝의 구체적인 목표와 부하를 다르게 적용한다.

- ● **1단계** : 유아기에서 초등학교 입학 전까지
- ● **2단계** : 초등학교 저학년에서 중학년(황금기)
- ● **3단계** : 초등학교 고학년에서 중학생(성장기)
- ● **4단계** : 고등학생

1단계는 유아기에서 초등학교 입학 전까지다. 이 시기에는 앉았다 일어서기, 몸 숙이기, 걷기, 달리기, 매달리기, 누르기, 잡아당기기 같은 기본적인 동작을 통해 근육을 바르게 사용하는 법을 익힌다. 여기에 뛰어오르기나 구르기 같은 응용 동작까지 습득하면 완벽하다. 이 단계에서는 근육을 단련하기보다는 근육과 관절을 바르게 사용하는 법을 뇌에 프로그램 하는 것이 목표다. 그러려면 근력이 있어야 한다. 이 무렵의 아이들은 단순 동작을 반복하면 힘들어하므로 근력 트레이닝에만 의존하지 말고 되도록 밖에서 몸을 움직여 놀게 해서 근력을 키우는 것이 좋다.

2단계는 초등학교 저학년에서 중학년까지다. 다양한 운동 프로그램을 습득할 수 있는 황금기이 만큼 유아기보다 몸을 더 많이 사용해 놀아야 한다. 유아기에 기본적인 신체 동작을 익혀둔 아이라면 다른 동작도 아주 빨리 배울 수 있다. 그래서 스포츠 활동도 이 무렵에 시작하는 것이 좋다. 이 단계에서는 유아기와 마찬가지로 근육과 관절을 바르게 사용하는 법을 익힌다. 아직은 부하에 신경 쓰지 않아도 된다.

초등학교 체육 수업에서는 뜀틀이나 매트운동, 줄넘기같이 유아기에 익힌 기본 동작과 달리 인위적인 동작을 많이 한다. 운동경기에서도 종목마다 고유의 동작을 요구한다. 그런 동작을 통해 새로운 프로그램을 획득하려면 기본 동작을 반복하는 것이 중요하다.

3단계는 초등학교 고학년에서 중학생까지다. 이때는 근육이 기능적으로 분화되어 속근섬유는 속근섬유답게, 지근섬유는 지근섬유답게 쓰인다. 그래서 어른들이 하는 근력 트레이닝의 효과를 조금씩은 기대할 수 있지만 아직은 한창 자랄 때이므로 갑자기 큰 부하를 주어 운동하면 성장에 방해가

시 기	트레이닝 목적	부 하
1단계 유아기에서 초등학교 입학 전까지	근육을 단련하기보다는 근육과 관절을 바르게 사용하는 법을 뇌에 프로그램하고, 이에 필요한 근력을 기른다. 근력 트레이닝을 마치면 되도록 밖에서 몸을 움직여 놀게 한다.	자신의 체중을 이용한 트레이닝
2단계 초등학교 저학년에서 중학년 (황금기)	유아기와 마찬가지로 근육과 관절을 바르게 사용하는 법을 익힌다. 다양한 운동 프로그램을 습득할 수 있는 황금기인 만큼 유아기보다 몸을 더 많이 사용해 놀아야 한다. 스포츠 활동을 시작하기에 가장 좋은 시기다.	자신의 체중을 이용한 트레이닝
3단계 초등학교 고학년에서 중학생 (성장기)	근력 트레이닝의 효과가 어른들과 유사하게 나타나기 시작하지만 아직은 성장기에 있으므로 갑자기 큰 부하를 주지 않도록 한다. 현재 활동하고 있거나 즐겨 하는 운동경기에서 주로 사용하는 근육을 단련하는 것도 좋다.	자신의 체중 이상으로 부하를 줄 때는 물을 넣은 페트병이나 튜브를 사용한다. 중학생 때부터는 가벼운 바벨 정도는 사용해도 된다.
4단계 고등학생	근력 트레이닝으로 근육이 굵어지고 강해지는 것을 스스로 확인할 수 있다. 근육 강화라는 목적을 확실히 의식하면서 운동하면 어른과 동일한 수준의 효과도 기대할 수 있다.	어른과 마찬가지로 바벨이나 운동기구를 사용해도 된다.

되거나 자칫 부상을 입을 수 있다. 자신의 체중 이상으로 부하를 줄 때는 우선 물을 넣은 페트병이나 튜브부터 사용한다. 중학생 때부터는 바벨을 사용해도 되지만 먼저 바른 자세를 익히는 데 집중하고, 바벨은 되도록 가벼운 것을 골라 부하를 작게 유지한다.

4단계는 고등학생 시기로 이때는 어른과 동일한 수준의 근력 트레이닝을 해도 된다. 동작을 할 때는 근육 강화라는 목적을 확실히 의식하면서 한다. 바벨이나 운동기구를 사용해도 되지만 정확한 지식을 갖춘 트레이너의 지도가 필요하다.

근력 트레이닝으로 근육이 굵어지고 강해지는 것을 스스로 확인할 수 있는 시기이지만 누구나 어른과 동일한 수준의 근력 트레이닝을 할 수 있는 것은 아니다. 유아기부터 차근차근 단계별로 트레이닝을 했거나 어린이 근력 트레이닝이 필요 없을 만큼 충분히 신체를 단련한 경우에만 가능하다.

어린이 근력 트레이닝의 단계는 나이를 기준으로 나눈 것이라서 아이의 발육 상태와 일치하지 않을 수도 있다. 무조건 나이에 맞춰 트레이닝 단계를 높이면 원하는 효과를 거두지 못하거나 부상을 입을 수도 있으니 주의한다.

신체 성장은 개인차가 있어 학년이 같아도 발육 상태는 저마다 다르다. 초등학교 3학년이라도 조숙한 아이들은 벌써 속근섬유와 지근섬유의 특성이 나타나기도 한다. 발육 상태는 대개 두 살 정도 차이가 나지만 만 10~12세 무렵에는 신체 나이가 만 8~13세까지 다양하게 나타난다. 아마 발육 단계를 파악하기 가장 어려운 연령대가 이 무렵이 아닐까 싶다.

아이가 성장기에 들었는지 생리학적으로 측정하는 방법은 없다. 그래서 보통은 일 년 동안의 성장 속도를 지표로 삼는다. 아이가 자랄 때는 반드시 키가 훌쩍 크는 시기가 있는데, 그 시기를 일반적으로 성장기(사춘기)라고 한다. 아이 몸에서 어른 몸으로 바뀌어가는 과도기인 셈이다. 성장기에는 일 년에 10센티나 자라기도 한다. 그 무렵에 여자아이는 초경을 맞이하고 남자아이는 목소리가 변하는 변성기가 온다.

학교에서 정기적으로 실시하는 신체검사 결과에서 키를 그래프로 나타내 보면 성장 속도를 한눈에 알 수 있다. 빠른 아이는 초등 고학년부터 부쩍 자라고, 늦으면 고등학생이 되고 나서 자라기도 한다. 성장 속도나 시기는 아이마다 차이가 크므로 평소에 내 아이의 신체 발달 상태를 잘 살펴보아야 한다.

키가 자라는 것은 곧 뼈가 자라는 것이다. 앞에서도 말했지만 뼈가 자라는 데 큰 영향을 미치는 것이 호르몬이다. 성장기에는 내분비계가 현저히 발달해 성호르몬과 성장호르몬이 왕성하게 분비된다. 근육이 기능적으로 분화되는 것은 초등 중학년 무렵이지만 근육의 성질은 내분비계가 발달하는 시기보다 조금 앞서서 바뀐다.

아기

태어나자마자 신경계가 발달하기 시작한다. 근육세포와 뇌세포는 태어났을 때 이미 어른과 비슷한 수만큼 생성돼 있다.

유아

아이들의 근력 저하에 가장 큰 영향을 미치는 시기인 만큼 올바른 식습관을 갖도록 지도하고, 밖에 나가 몸을 움직여 실컷 놀게 해야 한다.

초등학생

초등 중학년이 되면 근육이 기능적으로 분화된다. 황금기답게 다양한 운동 프로그램을 습득하게 한다.

중학생

초등 고학년부터 중학생 시기는 일반적으로 성장기에 해당하지만 발육 상태는 대개 두 살 정도 차이가 난다. 성장 속도나 시기가 아이마다 다르므로 평소에 내 아이의 신체 발달 상태를 잘 살펴보아야 한다.

고등학생

남자아이는 남자답고 여자아이는 여자다운 몸이 된다. 그러나 발육 상태에는 개인차가 있으므로 아이에 따라서는 아직 한창 성장 중인 경우도 있다.

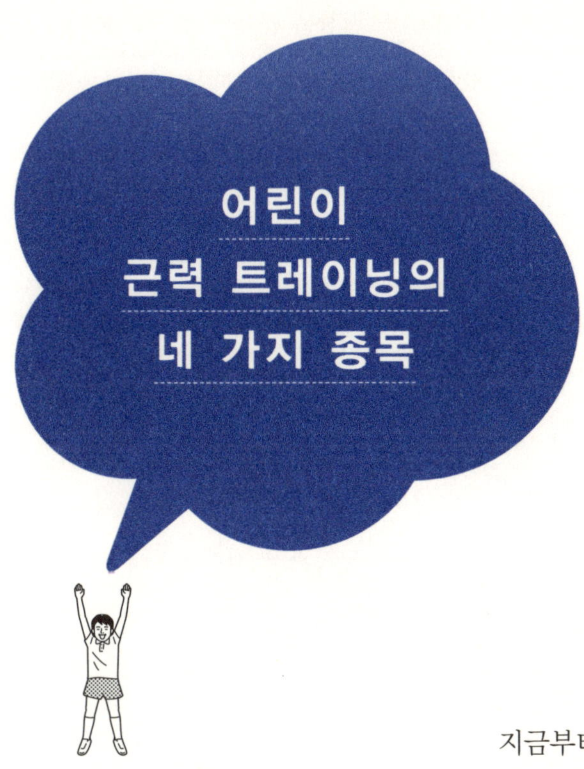

지금부터 어린이 근력 트레이닝의 구체적인 종목과 내용, 주의 사항 등을 소개한다.

맨 먼저 스트레칭을 한다. 아이들 몸은 어른보다 훨씬 더 유연하지만 준비운동 없이 바로 본운동에 들어가면 부상을 입을 수도 있다. 어린이 근력 트레이닝 종목은 동작이 복잡하거나 힘이 들지는 않지만 꼼꼼히 스트레칭을 하고 나서 시작하는 것이 좋다. 특히 고관절, 종아리 주변, 발목, 넓적다리 안쪽 등은 부상을 입기 쉬우므로 허리부터 아래쪽을 잘 풀어주어야 한다.

아이에게 스트레칭을 시킬 때는 특정 부위를 늘리거나 구부리라는 등의 세세한 지시는 하지 않는다. 아이가 154쪽의 그림 같은 자세를 만들었으면 그것으로 충분하다. 자세만 정확히 만들어도 원하는 근육이 저절로 늘어난다. 이 책 외에 다른 자료를 보고 새로운 스트레칭을 시킬 때는 되도록 동작이 간단한 것을 고른다.

뼈가 한창 자랄 때는 몸이 굳거나 딱딱해질 수 있다. 뼈가 자라는 속도를 근육이 따라가지 못해 근육이 당겨서 그렇다. 어른들에게 나타나는, 관절이 굳는 현상과는 다르므로 부드럽게 만들려고 무리하게 스트레칭을 시키면 안 된다. 근육도 뼈만큼 성장이 빨라지면 곧 유연해진다.

어린이 근력 트레이닝에서는 무릎 굽혀 앉았다 일어서기, 다리 앞으로 내딛기, 엎드려 팔다리 뻗기, 매달리기의 네 가지 종목을 한다. '무릎 굽혀 앉았다 일어서기'는 앞에서도 나왔지만 간단한 동작으로 전신을 단련하는 매우 효과적인 운동이다. '다리 앞으로 내딛기'는 다리와 허리 등 하체와 체간을 단련하는 운동이다. '엎드려 팔다리 뻗기'는 등을 중심으로 체간을 단련하는 운동이고, '매달리기'는 어깨를 싸고 있는 근육을 강하게 만드는 운동이다.

이 네 종목을 각각 1단계와 2~4단계 수준에 맞게 나누어 소개한다. 2~4단계 수준에서는 부하를 조금 주어 동작을 한다. 1~2단계에서는 근육과 관절을 바르게 사용하는 법을 익히는 것이 목표이므로 하루에 1세트(5~10회)면 충분하다. 그 시기에는 아이들이 싫증을 금방 느끼므로 하루에 2~3세트씩 하기는 어렵다.

근력 트레이닝은 하루에 3세트씩 일주일에 2~3회를 하는 것이 기본이므로 3~4단계에서는 이 빈도를 따른다. 이런 빈도로 운동을 하면 근력 트레이닝 효과가 뚜렷하게 나타나므로 근육이 강해지는 것을 느낄 수 있다. 다

만 이 책에서 소개하는 트레이닝에서는 바벨이나 운동기구를 사용하지 않

고 자신의 체중을 부하로 이용하기 때문에 근육이 비대해지는 효과는 얻기

어렵다.

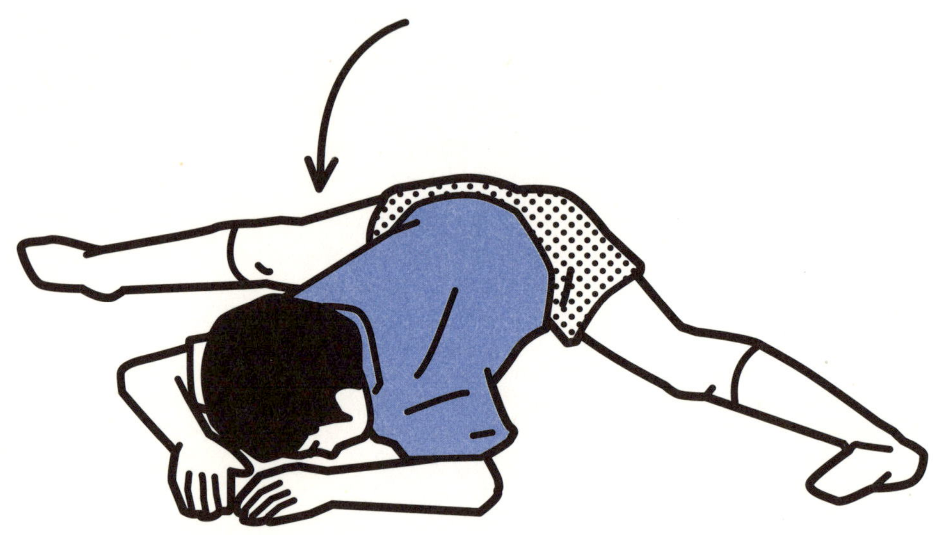

1. 무리하지 않는 범위에서 다리를 크게 벌리고 앉는다.
2. 고관절부터 천천히 기울여 상체를 바닥 쪽으로 숙인다.
3. 이 자세를 10~20초간 유지한다.

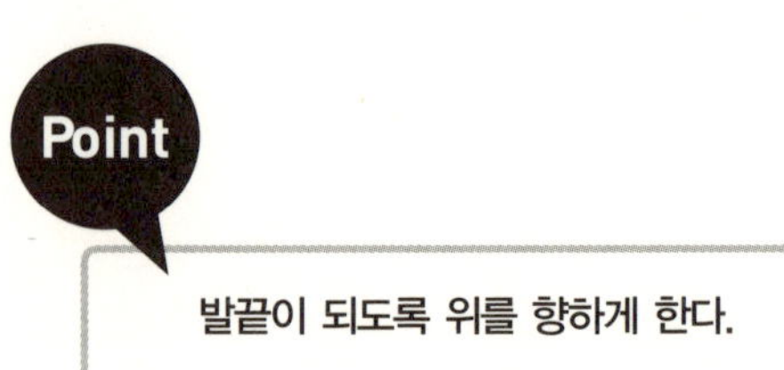

발끝이 되도록 위를 향하게 한다.

1. 벽에서 조금 떨어져 서서 양손을 벽에 댄다.

2. 왼 다리를 앞으로 내고, 오른 다리의 무릎을 똑바로 펴서 10~15초간 유지한다.

3. 오른 다리를 앞으로 내고, 왼 다리의 무릎을 똑바로 펴서 10~15초간 유지한다.

Point

양 발바닥을 바닥에 붙인다.
발끝이 앞을 향하게 한다.

1. 앉아서 한쪽 무릎은 세우고 나머지 한쪽 무릎은 바닥에 붙인다.

2. 세운 쪽 무릎에 체중을 실어 15~20초간 비근과 아킬레스건을 늘린다.

3. 다리를 바꾸어 나머지 한쪽도 같은 방법으로 한다.

Point

발뒤꿈치가 바닥에서 뜨지 않게 한다.

---

* 정강이 뒤에 있는 하퇴삼두근을 구성하는 가자미 모양의 근육. 발꿈치를 들어 올리는 작용을 한다.

1. 위를 보고 눕는다.

2. 양손으로 왼쪽 무릎을 잡고 가슴 쪽으로 끌어당긴다.

3. 그 자세를 10~20초간 유지한다.

4. 다리를 바꿔 반대쪽도 같은 방법으로 한다.

Point

넓적다리 뒷면이 늘어난 느낌이 드는지 확인한다.

유아

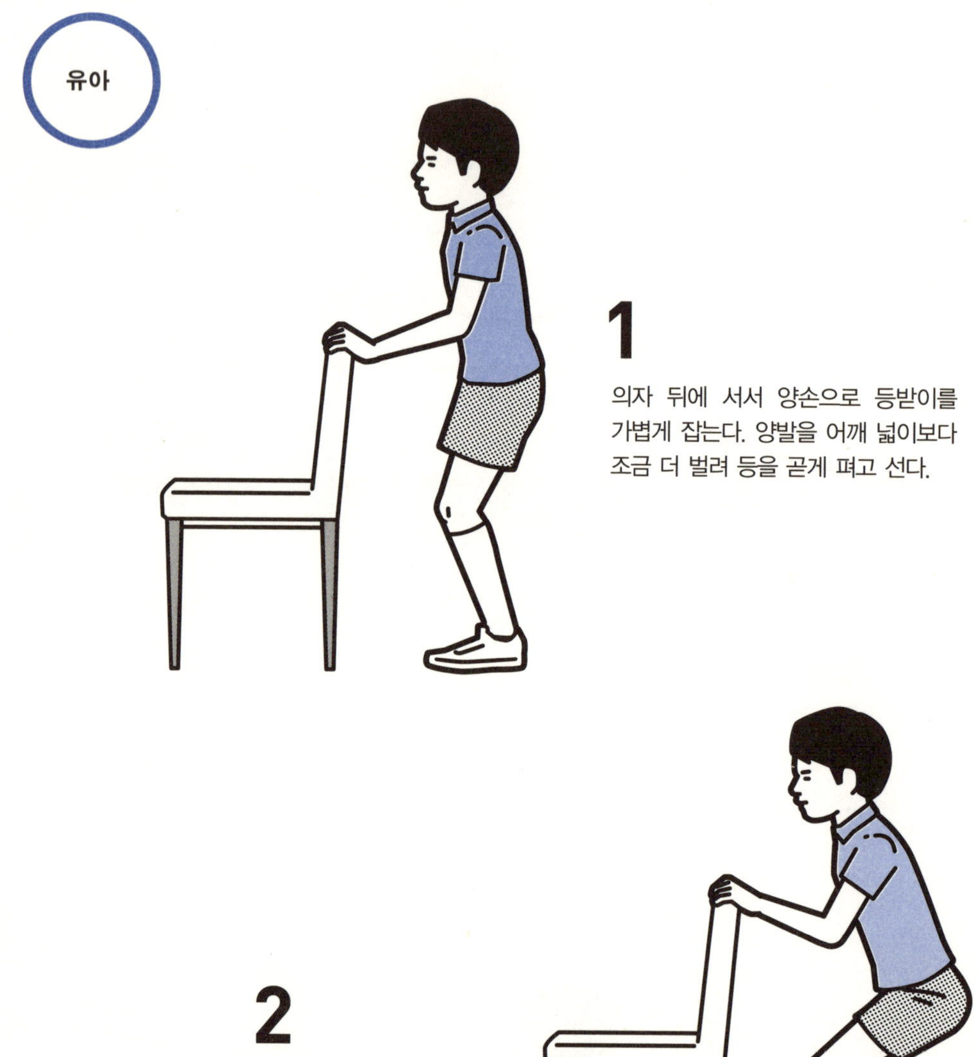

1

의자 뒤에 서서 양손으로 등받이를
가볍게 잡는다. 양발을 어깨 넓이보다
조금 더 벌려 등을 곧게 펴고 선다.

2

무릎을 천천히 구부리고,
천천히 편다.

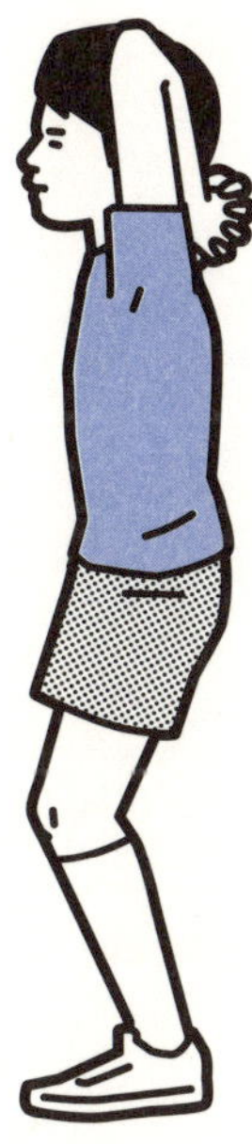

1

양손을 머리 뒤로 돌려 깍지를 낀다.
양발을 어깨 넓이보다 조금 더 벌려
등을 곧게 펴고 선다.

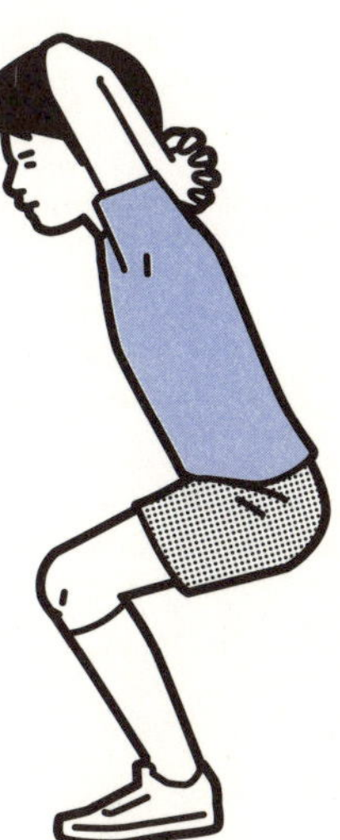

2

무릎을 천천히 구부리고,
천천히 편다.

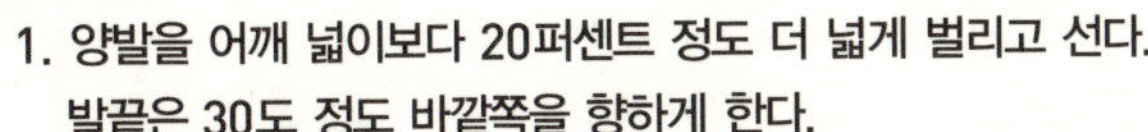

1. 양발을 어깨 넓이보다 20퍼센트 정도 더 넓게 벌리고 선다.
   발끝은 30도 정도 바깥쪽을 향하게 한다.
2. 무릎을 구부릴 때 무릎이 발끝보다 앞으로 나가지 않게 한다.
3. 무릎을 구부릴 때 무릎이 발끝과 같은 방향이 되게 한다.

1

양손을 허리에 대고 서서 무릎을 조금 구부린다.

2

왼 다리를 천천히 앞으로 낸다.

3

왼 다리를 바닥에 딛고 허리를 내린다.

4

왼 다리를 뒤로 빼서 **1**의 자세로 돌아간다.
반대쪽도 같은 방법으로 한다.

1. 발끝이 항상 앞을 향하게 한다.
2. 축이 되는 다리는 완전히 펴지 않는다.

1

양손을 허리에 대고 서서 무릎을 조금 구부린다.

2

왼 다리를 천천히 앞으로 낸다.

3

왼 다리를 크게 뻗어 바닥에 딛고
허리를 내린다.

4

왼 다리를 뒤로 빼서 **1**의 자세로 돌아간다.
반대쪽도 같은 방법으로 한다.

Point

1. 발끝이 항상 앞을 향하게 한다.
2. 축이 되는 다리는 완전히 펴지 않는다.

1

바닥에 엎드려 양팔과 다리를 뻗는다.

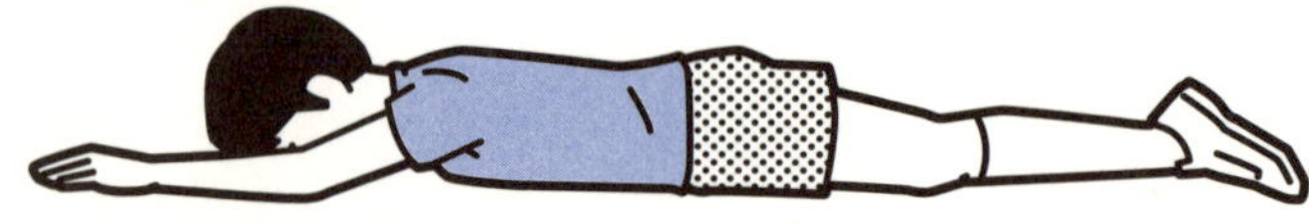

2

왼팔과 오른 다리를 천천히 위로 올리고,
다시 천천히 내린다.

3

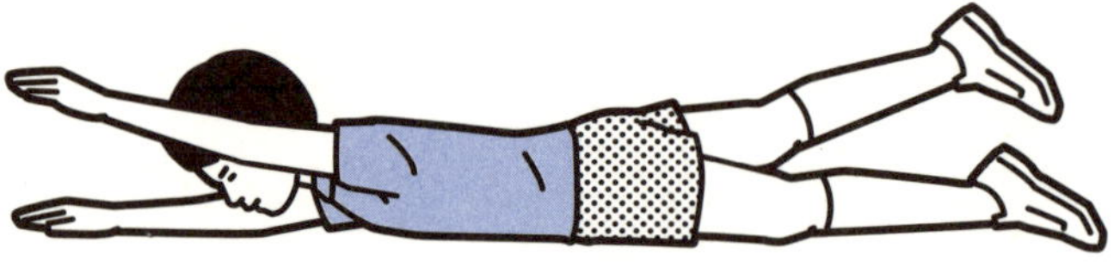

오른팔과 왼 다리를 천천히 위로 올리고,
다시 천천히 내린다.

1

오른손과 왼 무릎을 바닥에 댄다.
왼팔은 앞으로 뻗고 오른 무릎은
뒤로 펴서 바닥에 닿지 않게 한다.

2

왼팔과 오른 다리를 천천히 위로
올리고, 다시 천천히 내린다.

3

반대로 왼손과 오른 무릎을 바닥에 대고, 오른팔과
왼 다리를 천천히 위로 올리고, 다시 천천히 내린다.

Point

1. 왼팔과 오른 다리, 오른팔과 왼 다리와 같이 서로 반대쪽의 팔과 다리를 위로 올
   렸다가 내린다.
2. 초등학생 이상은 한쪽 팔과 한쪽 다리를 바닥에서 들어 올린 상태에서 시작한다.

유아

1

양손으로 철봉을 잡는다.

2

양발을 바닥에서 들어 올려
철봉에 매달린다.

Point

매달리기만 하면 되므로 양발을 바닥에서 들어 올릴 때 힘을 주지 않는다.

1

가슴 높이 정도 되는 철봉을 양손으로 쥔다. 가슴과 상체가 직각이 되도록 양다리를 앞으로 낸다.

2

등을 곧게 펴고 아래턱이 철봉에 닿도록 상체를 끌어당긴다.

Point

1. 동작을 할 때는 양다리를 모은다.
2. 몸이 일직선이 되도록 한다.
3. 상체를 끌어당길 때는 반동을 주지 않는다.

앞에서 말했듯이 어린이 근력 트레이닝을 할 때는 부자연스러운 방향으로 움직이지 않고, 외부에서 큰 부하를 주지 않으며, 갑자기 큰 힘을 내지 않아야 한다. 이런 원칙들을 지킬 수 있다면 다른 종류의 운동을 해도 된다.

예를 들면 국민체조도 아이의 근육을 고루 단련시키는 데 효과적이다. 학교에서도 자주 하지만 익숙해서 그런지 대충 하고 마는 아이들이 많다. 국민체조도 동작 하나하나를 끝까지 정확하게 하면 근력 트레이닝 못지않은 효과를 얻을 수 있다. 방학을 이용해 근력 강화를 목표로 아침마다 하는 것도 좋다. 체조를 마치고 그대로 밖에 나가 뛰어놀면 근력도 강해진다.

요즘은 어릴 때 수영을 배우는 아이들이 많다. 수영은 전신운동이라 근력 트레이닝과 마찬가지 효과가 있다. 다만 영법에 따라 단련되는 근육이 다르므로 근육을 고루 단련하려면 자유형과 평형같이 종류가 다른 영법을 조합해서 하는 것이 좋다.

그런데 수영은 익숙해질수록 근력 트레이닝의 효과가 감소한다. 처음 배울 때는 온몸의 힘을 써서 하지만 잘하게 되면 물의 저항을 줄여 효율적으로 헤엄을 친다. 그래서 수영으로 근력을 키우려면 일반적인 수영 동작보다는 물속에서 달음박질을 하는 편이 낫다. 물의 저항이 근육에 부하로 작용하기 때문이다.

팔굽혀펴기는 근력 트레이닝의 대표적인 종목이지만 아이들에게는 그다지 필요가 없다. 체조나 에어로빅 등은 예외지만 어릴 때는 어깨관절을 중심으로 강한 힘을 내는 동작은 별로 하지 않기 때문이다. 아이들은 팔굽혀펴기를 아무리 많이 해도 가슴근육이 두꺼워지지 않는다. 고등학생쯤 돼야 남성호르몬의 분비가 왕성해져서 상체가 발달한다. 어릴 때는 철봉에 매달리거나 비스듬히 매달려 상체를 끌어당기는 운동으로 어깨를 싸고 있는 근육의 힘을 키우는 것이 좋다.

어린이 근력 트레이닝을 할 때 주의할 점

초등학생 시기는 운동에 관한 다양한 보조 프로그램을 습득할 수 있는 그야말로 황금기다. 그러나 황금기다운 황금기를 보내려면 유아기에 준비할 것이 있다. 근육과 관절을 바르게 사용하는 법을 익혀두어야 하고, 몸을 지탱할 수 있을 만큼 근육과 뼈를 단련해두어야 한다. 이런 노력들이 부족해 잘못된 운동법이 몸에 배면 보조 프로그램에도 오류가 생긴다.

격렬한 운동경기나 어려운 기술을 사용하는 놀이는 단순한 잡기 놀이나 구르고 넘어지는 동작보다 근육과 뼈에 훨씬 더 강한 자극을 준다. 보조 프로그램을 만드는 데 유용한 동작도 근육과 뼈에는 적지 않은 부담이 된다. 하지만 신경생리학이나 발육발달학의 관점에서 보면 초등학생 시기에 그런 동작들을 익혀야 한다. 그러려면 몸이 받는 자극과 부담을 견뎌낼 수 있을 만큼 근육과 신경이 발달해야 한다. 근육을 제대로 쓸 줄 알고 나서 동작을 익히면 복잡한 움직임도 정확하게 해낼 수 있고 부상도 줄일 수 있다.

아이가 태어나서 5~6년 동안은 몸을 움직여 놀게 해서 근력을 기르고 신경회로의 연락망을 만들어두어야 한다. 그래야 그나마 우리 어릴 적과 비슷한 정도의 몸과 머리로 황금기를 맞이할 수 있다. 그런 다음에 여러 가지 운동 프로그램을 습득할 수 있는 동작에 도전하면 다치지 않는 방법이나 기술이 필요한 움직임 등을 정확하게 익힐 수 있다.

이런 준비 과정을 소홀히 하고서는 아이에게 갑자기 철봉이나 뜀틀운동을 시키면 근육이 그런 동작에 맞게 움직이지 못한다. 근력 역시 충격이나 부담을 감당하지 못한다. 아이들 머리에 다양한 운동 프로그램이 정확히 만들어지게 하려면 이런 점에 주의해야 한다.

요즘 아이들은 근력이 약하다고 하는데, 황금기인 초등학교 저학년에서 중학년 정도에는 근력이 어느 정도나 필요할까? 아이들의 근력을 객관적으로 판단할 수 있는 검사는 아직 없다. 다만 하체의 힘은 기본적으로 달리거나 뛰어오르는 능력에 반영된다. 이런 점을 고려할 때 아이가 비만이거나 부모가 유별나게 달리기를 못하는 것도 아닌데 달리기나 점프력이 다른 아이보다 많이 뒤진다면 근력이 부족한 탓으로 볼 수 있다.

그러니 평소에 내 아이의 운동 능력이 어느 정도 되는지 알아두어야 한다. 놀이터나 공원에서 얼마나 활발히 뛰이노는지, 운동회에서 얼마나 빨리 달리는지 잘 살펴본다. 조금만 유심히 관찰하면 내 아이가 발이 빠른지 느린지, 운동을 잘하는지 못하는지 금세 알 수 있다. 다른 아이와 비교하는 이유는 내 아이가 초등 중학년 수준에 맞게 근육이 충분히 단련돼 있는지를 판단하는 자료가 되기 때문이다.

요즘은 운동회에서 달리기 시합을 해도 순위를 매기지 않는 학교가 많다고 한다. 이유야 있겠지만 아이들이 서로 이기거나 앞서려고 다투는 것도 나름대로 의미 있는 일이다. 열심히 연습한 끝에 기록이 조금이라도 단축되거나 순위가 한 단계라도 오르면 아이들은 대단한 자신감을 갖게 된다.

실패를 극복하고 성공을 이뤄낸 경험은 다양한 상황에서 중요한 역할을 한다. 기록이 기대에 미치지 못했더라도 노력했다는 사실만으로 성취감을 얻는다면 그 또한 아이들에게는 값진 재산이 된다. 초등학생 시절의 달리기 등수가 그대로 사회인의 서열이 되는 일은 없으니 너무 민감해할 필요는 없다.

아이의 근력을 객관적으로 판단할 수 있는 또 다른 기준이 바로 제자리멀리뛰기다. 일본에서는 대부분 초등학교 고학년부터 체력 검사를 하지만 제자리멀리뛰기 기록은 만 7세부터 측정한다. 아이에게 제자리멀리뛰기를 시켰을 때 해당 연령의 표준치에 미치지 못했다면 아마 하체의 근력이 충분하지 않을 것이다.

근력이 부족하다 싶으면 유아기에 근력 트레이닝을 시작해도 된다. 처음에는 다른 아이들보다 조금 뒤떨어지겠지만 장기적으로 보면 현명한 선택이 될 것이다. 아이가 운동 프로그램을 습득하는 과정에서 중요한 것은 프로그램의 양이 아니라 질이다. 오류 없는 정확한 프로그램을 입력해야 부상이나 스포츠 상해를 막을 수 있다.

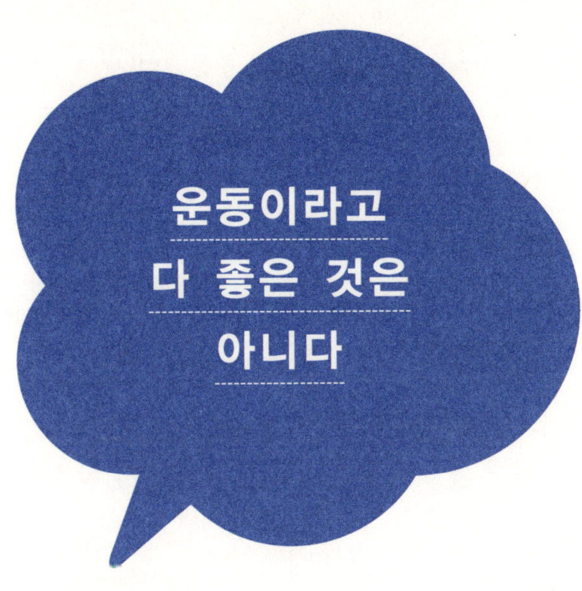

밖에서 뛰노는 아이들은 갈수록 줄어
드는 반면, 초등학교 입학 전부터 스포츠 활동을 하는 아이들은 점점 더 늘
어나고 있다. 내 아이가 유명한 프로 골퍼나 메이저리거가 되거나 월드컵에
서 활약하기를 기대하는 부모도 있을 것이다. 그 정도는 아니더라도 아이가
튼튼하게 자라기를 바라는 마음은 어느 부모나 똑같다. 좀 더 욕심을 내서
아이가 공부도 운동도 다 잘했으면 하는 바람도 있을 것이다.

어릴 때부터 운동을 열심히 하는 것은 결코 나쁘지 않다. 스포츠 조기교
육은 분명 장점이 있다. 재능을 찾아내 일찍이 개발하려면 초등 저학년까지
는 특별한 동작을 할 수 있는 신경계를 만들어두어야 한다. 앞에서 말했듯
이 체조 선수들은 어릴 적부터 노력했기에 관절을 유연하게 움직일 수 있는

것이다. 종목에 따라서는 어렸을 때 시작하지 않으면 하기 어려운 동작이나 기술도 많다. 남미 아이들처럼 어려서부터 공을 차고 놀면 공을 잡아서 몰거나 몸을 놀리는 기술같이 중고등학생 때 시작했더라면 익히지 못했을 동작도 자연스럽게 몸에 밴다.

조기교육도 운동 능력을 높이는 하나의 전략이라는 점에서는 옳은 방법이지만 대신 아이들의 신체적 특성에 맞게 시켜야 한다. 아이의 숨은 재능을 찾아내 발전시킬 수 있는 체계화된 방법을 알고 있어야 한다는 뜻이다. 아이의 연령대에 맞게 공의 크기와 무게, 특별한 규칙, 어린이라서 가능하거나 어른이 되고 나면 불가능한 동작, 몸을 놀리는 기술 등을 적절하게 적용해야 한다.

아이들의 근력은 여전히 떨어지고 있지만 조기교육 덕에 스포츠에 몰두하는 아이들은 오히려 옛날보다 많은 것 같다. 그나마 다행이기는 하지만 운동경기에서는 특수한 동작들이 많이 사용된다는 사실을 부모들이 알고서 시키는지 걱정이 된다.

운동경기는 인간이 만든 문화다. 운동경기에서 사용하는 상당수의 동작과 기술은 인간의 자연스러운 움직임에서 비롯된 것이 아니다. 단거리달리기만 봐도 그렇다. 단거리달리기는 인위적인 운동경기다. 인체의 특성으로서 빠르기를 겨루는 것이 아니라 빨리 뛸 방법을 찾아내어 겨루는 경기다. 짧은 거리를 얼마나 빨리 달리는지 다투는 경기는 어느 것이나 기록을 단축하기 위해 지혜를 짜고 기술을 사용해야 한다.

인류학이나 생리학의 관점에서도 인간은 지구력이 강한 동물이다. 순식간에 달려 먹이를 잡는 것보다 오랫동안 계속해서 먼 거리를 이동하는 데

적합하다. 짐승에게 쫓길 때나 빨리 달릴 필요가 있는 것이다. 그도 그럴 것
이 인간은 본래 지근섬유가 많다. 단거리 선수가 아니라 마라톤 선수인 셈
이다. 속근섬유는 기본적으로 비상시에 생명을 지키려고 도망갈 때 필요하
다. 그래서 치타나 사자처럼 단거리 선수여야 살 수 있는 동물들은 속근섬
유가 많다. 인간은 그런 유형의 동물이 아니다.

아이들에게 운동경기를 시킬 때도 그 종목에서 주로 사용하는 동작들
이 인체의 특성을 얼마나 많이 반영한 것인지 따져봐야 한다. 자연스러운
동작이라면 적극적으로 시켜도 되지만 그렇지 않다면 그 동작만 연습시켜
서는 안 된다. 유아기에 운동경기를 시작한다면 되도록 근력 트레이닝과
병행하는 것이 좋다. 특히 근력이 약한 아이라면 더욱더 근력 트레이닝이
필요하다.

근육과 관절을 바르게 사용하는 법을 모른 채 특정 종목의 인위적인 동
작만 반복하면 부상을 입기 쉽고 나중에는 스포츠 상해로 이어질 수 있다.
운동이라고 다 좋은 것은 아니다. 아이에게 운동을 시킨다는 사실에 만족해
안심하면 안 된다.

우리 몸에서 심장은 조금 왼쪽에 있고, 간은 조금 오른쪽에 있다. 장기의 위치는 좌우로 조금씩 치우쳐 있지만 상체와 하체, 팔, 다리, 체간의 근육은 기본적으로 좌우대칭으로 분포해 있다. 근육이 고루 발달하게 하려면 어릴 때부터 너무 한쪽으로 치우치는 동작은 하지 않는 것이 좋다.

심장이나 간, 팔, 다리 등의 배치는 유전적인 영향을 받지만 오른손잡이나 왼손잡이, 오른발잡이나 왼발잡이가 유전으로 결정되는지는 아직 모른다. 골프나 야구, 축구 등 운동경기에서 사용하는 동작은 인간이 만든 것이므로 그런 동작을 할 때 어느 쪽의 손이나 발을 선호하느냐는 유전보다 환경의 영향을 받게 된다. 어떤 자극을 얼마나 일찍부터 주어야 오른쪽 또는 왼쪽을 선호하게 되는지는 아직 밝혀지지 않았다.

야구에도 오른손 타자와 왼손 타자가 있다. 우타나 좌타는 야구를 시작할 때 처음 어느 쪽으로 타격을 했느냐에 따라 정해지는 것이 아닐까 생각한다. 옛날에는 우타가 많았기에 아이들도 자연히 오른손으로 공을 쳤을 것이다. 요즘에는 굳이 무리해서 고치려고 하지 않아서인지 공은 오른쪽으로 치더라도 글씨를 쓰거나 수저를 쥘 때는 왼손을 사용하는 사람도 많다. 이런 점을 보면 사람이 어느 쪽 손을 선호하느냐는 유전보다 환경의 영향을 더 많이 받는 듯 하다.

운동경기 중에는 몸 한쪽만 주로 사용하는 종목이 많다. 골프도 그중 하나다. 어릴 때 골프를 시작해 어느 한쪽 타격만 배워서 계속 그쪽으로만 치는 연습을 하면 근육이나 근력도 한쪽으로만 작용하게 된다. 근육은 관절이나 뼈에 연결되므로 고루 발달하지 않으면 장애가 생길 수 있다. 그러니 아이가 이런 운동을 하고 있는 부모라면 아이가 근육을 고루 사용할 수 있는 기회를 만들어주어야 한다.

연습에서도 경기력을 향상하는 데 중요한 쪽을 집중해서 강화하는 경우가 많은데 이럴 때도 별도의 운동 프로그램을 마련해 다른 한쪽도 단련시켜야 한다. 그래야 몸이 균형 있게 발달한다. 예를 들어 아이들에게 야구를 가르칠 때도 오른손으로 공을 치면 다음은 왼손으로 쳐야 한다는 규칙을 만들어 따르게 한다. 그러다 보면 어느 순간 왼손으로도 공을 잘 칠 수 있게 되고 그러다 양손 타자가 될 수도 있다. 아이가 어릴수록 더욱더 근육을 좌우 균등하게 사용하도록 애써야 한다.

테니스와 골프, 야구는 모두 몸의 한쪽만 사용하는 동작으로 이루어졌기 때문에 주로 사용하는 쪽의 근육만 발달한다. 어린 자녀에게 이런 운동경기를 시키는 부모는 아이의 근육이 균형을 잃지 않도록 좌우 근육을 고루 단련시켜야 한다

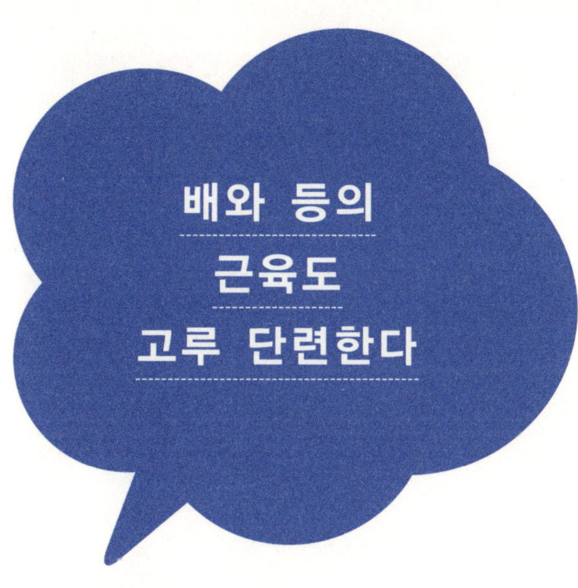

　　　　　　　　　　근육을 좌우 균등하게 사용해야 하는 이유는 근육의 특성 때문이다. 우리 몸의 뼈대에는 두 가지 근육이 쌍을 이루어 부착되어 서로 반대되는 작용을 한다. 이를 길항근이라고 한다.

　근육은 수축은 해도 스스로 늘어나지는 못한다. 지상에서는 중력으로 인해 수축된 근육을 늘릴 수 있지만 만약 물속에서 근육이 수축되면 그대로 있게 된다. 이런 상태로는 다음 동작을 할 수 없으므로 수축된 근육을 반대쪽에서 펴주는 근육이 필요하다. 가장 잘 알려진 길항근은 넓적다리 앞면의 근육(대퇴사두근 = 무릎의 폄근)과 뒷면의 근육(햄스트링 = 무릎의 굽힘근)이다. 길항근의 균형이 무너져 어느 한쪽만 강해지면 관절에도 힘이 고루 미치지 못해 만성적인 관절 장애가 생길 수 있다.

배와 등의 근육도 마찬가지 관계에 있다. 일반적인 동작으로는 어느 한 쪽만 지나치게 사용하는 버릇은 들지 않지만 이 두 근육의 근력이 균형을 잃으면 허리에 통증이 생긴다. 특히 이런 허리 통증은 성장기에 많이 나타난다.

아이에게 등 근육을 많이 사용하는 운동을 시킬 때는 배 근육도 함께 단련해야 한다. 근력의 균형이 무너지면 스포츠 상해로 이어질 수 있기 때문이다.

운동 중 일어나는 부상의 가장 큰 원인은 근력이 떨어져서가 아니라 근육을 혹사시키기 때문이다. 근력이 약한데도 계속 근육을 사용하니 부상이 늘어날 수밖에 없다.

요즘 부모들은 아이들이 운동경기를 할 때조차 승부에 집착하는 경우가 많다. 그래서인지 과도한 훈련 탓에 아이들의 근육은 쉴 틈이 없다. 야구 훈련도 지나치면 팔꿈치나 어깨에 손상이 온다. 특정 종목은 아니지만 위로 뛰어오르는 점프 동작을 너무 많이 해도 무릎 아래의 성장 연골이 어긋나 염증이 생기고 이 때문에 통증이 일어날 수 있다. 이때 나타나는 대표적인 질환이 오스굿슐라터병(osgood-schlatter disease)이다. 아이가 통증을 느끼면 반드시 운동을 중단하고 의사의 진료를 받아야 한다.

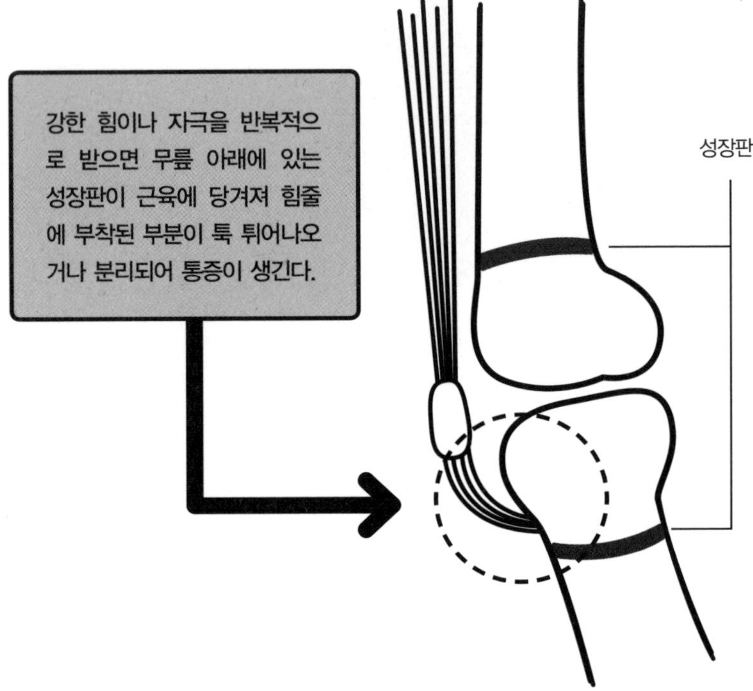

오스굿슐라터병은 뼈의 말단이 아직 연골 상태에 있을 때 일어나는 뼈 질환이다. 성장기 아이들이 무릎 통증을 호소한다면 이 오스굿슐라터병일 가능성이 있다. 원인은 대부분 무릎 근육을 지나치게 많이 사용해서다. 따라서 아이가 무릎이 아프다고 하면 운동을 자제하고 안정을 취하게 한다. 심하면 아파서 걷지 못할 수도 있다. 성장기가 끝나고 뼈가 더 자라지 않으면 통증도 사라진다.

운동경기에서 사용하는 동작을 연습하면서 동시에 근력도 키우겠다는 생각은 옳지 않다. 앞에서도 말했지만 근력 트레이닝은 원하는 근육을 단련하는 것이 목적이다. 야구에서 공을 던지는 동작을 연습하는 것과는 전혀 다르다. 그러니 근력 트레이닝과 운동경기 동작은 직접 연결시키지 않는 것이 좋다.

먼저 근력을 키운 후에 운동경기 동작을 제대로 익히는 것이 바람직한 순서다. 운동경기에 필요한 동작을 익히는 것은 기술을 연마하는 것이다. 예를 들어 야구에서 공을 던질 때 이 동작 자체에 외적인 부하를 주면 근력을 키우면서 기술도 익힐 수 있을 것 같지만 그렇지 않다. 위험하고 잘못된 방법이다.

만약 어깨근육을 단련하려고 공식 야구공보다 더 무거운 공을 던지면 어떻게 될까? 관절이나 근력을 한계에 가까울 만큼 사용하는 동작에서는 얼마 안 되는 부하라도 부상을 일으킬 수 있다. 그렇다면 일부러 무거운 배트를 휘두르거나 타이어를 끄는 훈련 등도 그다지 효과가 없을 것이다. 기술을 연마하는 것은 근력을 키우기 위해서가 아니라 운동 수행 능력을 높이기 위해서다. 그러니 운동경기 동작과 결합된 근력 트레이닝이란 있을 수 없다.

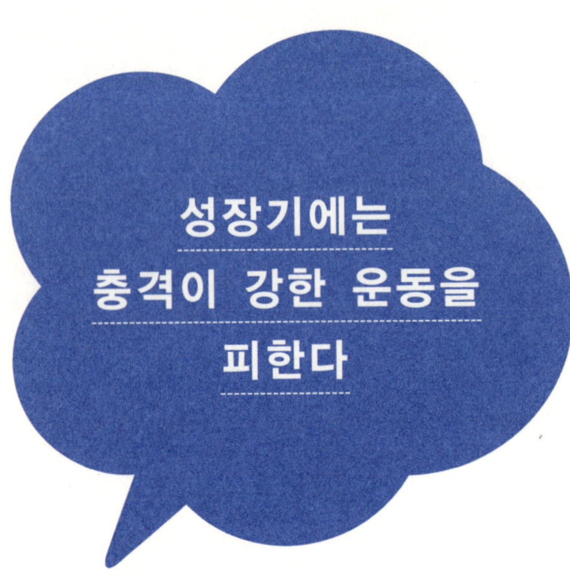

근육이 기능적으로 분화되면 그때부터 서서히 어른들이 하는 근력 트레이닝에 가까운 방식으로 운동을 할 수 있다. 하지만 아직 성장판이 닫히지 않았기 때문에 뼈가 자라는 방향으로 강한 힘을 주면 성장이 방해를 받거나 부상을 입을 수 있다. 그러니 어른들처럼 무거운 바벨을 지고 앉았다 일어서는 운동은 성장기가 끝난 후에 하도록 한다.

아이가 현재 운동을 하고 있고 앞으로도 그 종목에서 능력을 발휘하길 원한다면 성장기 후에 질 높은 트레이닝을 할 수 있도록 미리 준비해야 한다. 성장기 전에는 부상을 입지 않도록 부하를 조절해가며 바른 동작을 익히게 한다. 부하가 좀 부족한 듯싶어도 횟수가 충분하면 근육에 미치는 효과는 떨어지지 않는다. 지금 당장 눈에 보이는 효과를 따질 것이 아니라 커서 충분한 부하로 근력 트레이닝을 할 수 있는 튼튼한 몸을 만드는 데 집중해야 한다.

근력 트레이닝 동작은 단순하지만 어릴 때부터 하면 그 단순한 동작이 왜 중요한지, 몸을 어떻게 사용해야 동작을 정확하게 할 수 있는지 확실히 알게 된다. 이런 점에서 어린이 근력 트레이닝은 본격적인 근력 트레이닝을 위한 기초 학습인 셈이다.

미국에서는 이런 개념을 적극적으로 실천하고 있다. 그래서 성장기 아이들에게 근력 트레이닝을 권장하기도 하고 실제로 고등학생 정도면 다들 근력 트레이닝을 한다. 미국의 국민적인 스포츠인 풋볼이 격렬하고 몸싸움도 많은 운동이라서 일찍부터 체력을 강화하려는 생각이 자연스럽게 자리 잡은 게 아닐까 싶다.

미국 아이들은 운동경기를 할 때 일본 아이들만큼 경기력이나 승부에 집착하지 않는다. 고교 스포츠에 대해서도 일본인이 고교 야구에 열광하듯 하지 않는다. 당장의 승부보다 경기력을 키우는 과정을 중시하기 때문에 단계적으로 동작을 익히고 체력을 키우다 보면 경기력도 향상될 거라고 생각한다.

이 책에서는 좀 더 나은 미래를 위해 어릴 때부터 근력을 키워두는 준비 수단으로 어린이 근력 트레이닝을 제시했다. 아이들의 발육 단계에 맞춰 관절과 근육을 바르게 사용하고 안전하고 효율적으로 몸을 움직일 수 있도록 자세와 동작을 익힌다. 트레이닝이라는 거창한 이름보다는 '근육 사용법에 중점을 둔 체조'에 가깝지만 꾸준히 하면 아이의 건강과 운동 능력이 쑥쑥 자랄 것이다.

근력 트레이닝으로 아이의 체력과 뇌력을 키워라

아이들의 체력 저하가 30년 가까이나 이어지고 있다. 그나마 요즘 들어 그 기세가 주춤하고 있다지만 안심이 되지 않는다. 그도 그럴 것이 30년이라는 세월에는 단순히 시간 이상의 의미가 들어 있기 때문이다. 체력 저하 현상이 정점에 달한 시점에서 자란 세대가 지금은 아이를 기르는 부모가 되었다. 내 아이를 어린 시절 나와 똑같은 모습으로 키우고 있다면 벌써 약골의 '대물림'이 시작된 셈이다.

아이들의 체력이 떨어지면서 여러 가지 악영향이 나타나고 있다. 도카이 대학의 오자와 하루오(小澤治夫) 교수에 따르면 요즘 초중학생들은 빈혈이나 저체온증이 심각한 데다 수업 중에 잠이 들 정도로 집중력이 약한 아이들도 많다고 한다. 학력과 체력 사이에 뚜렷한 상관관계가 있다고 보고된 적도 있다. 체력이 단순히 신체 활동에만 영향을 미치는 게 아니었다.

아이들은 잘 놀아야 잘 크는 법이라며 나가 놀라고 당장 밖으로 내몰 수도 없다. 신나게 뛰어놀 만한 체력이 없기 때문이다. 그래서 이 책에서는 근육을 바르게 사용하고 그 힘을 효율적으로 키울 수 있는 쉽고 간단한 근력 트레이닝을 제안했다.

어린이 근력 트레이닝의 주요 종목에는 필자의 연구팀에서 약 5년 전에 개발한 '슬로 트레이닝' 방법을 적용했다. 이 운동법은 고령자나 허약한 사람들의 근력 강화나 재활 치료를 염두에 두고 만든 것이라서 주의사항만 지킨다면 아이들이 하기에 전혀 무리가 없다. 꾸준히 하면 밖에서 맘껏 뛰어놀 수 있는 튼튼한 몸이 될 것이다.

이 책은 아이들이 아니라 부모들이 읽어야 한다. 부모들이 먼저 식습관을 비롯한 생활습관을 바로잡고 활기차게 생활해야 아이들에게 근력 트레이닝도 지도할 수 있고 효과도 높일 수 있다. 여러분도 아이들과 함께 어린이 근력 트레이닝을 해보면 어떨까? 아이는 부모의 등을 보며 자란다고 하니 말이다.

이시이 나오카타

내 아이의 부족한 몸 놀이를 근력 트레이닝으로 채우자

"아무래도 넌 지구인이 아닌 것 같아."

다른 아이들은 왕복하고도 남을 시간에 100미터를 달리고는 마라톤이라도 한 듯 헉헉대는 내게 체육 선생님이 하신 말씀이다. 여태껏 나는 이 말의 의미를 내가 평범한 사람들과 다른 '화성인'쯤 된다는 뜻으로 해석했다. 그러나 이 책을 번역하며 내가 마치 중력 없는 우주에서 자란 외계인마냥 근력이 부족한 아이였다는 사실을 알게 됐다.

실은 내 아이들도 마찬가지다. 생각해보니 딸아이가 '좋은 것만 대물림되게 하는 생명과학자'를 꿈꾸는 것도 필연인지 모른다. 아들 녀석 무릎에 멍이 가실 날이 없는 것도 산만한 성격 탓만은 아닌 듯싶다. 내 아이들마저 지구인으로서의 정체성을 의심받는 날이 올까 두렵다.

몸을 움직여 실컷 놀아야 근육과 뼈가 튼튼해지고 뇌도 깨어난다는 말에 가슴이 뜨끔하다. 실상은 부모가 나서서 내 아이의 건강과 지능을 한꺼번에 떨어뜨리고 있는 셈이기 때문이다. 그러나 시간과 장소, 환경의 제약을 단번에 해결하기란 쉽지 않다. 이런 점에서 저자가 제시하는 '어린이 근력 트레이닝'은 매우 현실적이고 효율적인 대안이다.

이 책은 여느 운동 관련 서적과 달리 운동법을 소개하는 사진이나 그림보다 운동의 필요성과 효과를 과학적으로 설명하는 글이 훨씬 더 많다. 구슬이 서 말이라도 꿰어야 보배라고 하는데, 구슬을 잘 꿰는 방법만 가르쳐주는 것이 아니라 구슬을 왜 꿰어야 하는지 동기를 부여하기 위해서다. 별 노력 없이도 금세 쌓이는 지방과 달리 근육은 쉽게 늘어나지 않기 때문이다. 자칫 지루한 작업이 될 수 있는 구슬 꿰기를 즐겁게 하려면 구슬을 왜 꿰어야 하는지, 어떻게 꿰어야 더욱 값진 보배가 되는지 알아야 한다.

내 아이를 실컷 놀고 푹 쉬게 하기 어렵거나 모험을 즐길 만한 동적인 놀이기구를 제공하기 힘들다면 틈틈이 어린이 근력 트레이닝을 시키자. 장소를 차지하지 않아 집 안에서 할 수 있고 동작도 어렵지 않다. 철봉 매달리기는 학교 운동장이나 가까운 공원을 이용하면 된다. 주의 사항만 지킨다면 트레이너의 특별한 능력이 필요한 것도 아니다.

다들 경험으로 알지만 공부 열심히 해서 훌륭한 사람 되고 나서 놀아도 늦지 않다는 것은 궤변이다. 훌륭한 사람이 못 돼 못 노는 것이 아니라, 어릴 적 몸 놀이를 통해 길러야 했던 근력이 부족하다 보니 어른이 돼서는 취미로도 변변히 운동을 즐기지 못하는 것이다. 내 아이에게라면 없는 능력도 만들어주고 싶은 게 부모 마음인데, 아이가 가진 능력도 제대로 발휘하지 못하게 한다면 얼마나 안타까운 일이겠는가. 아이들 몸은 어른 몸과 달리 노력 대비 효과가 빨리 나타나니 부모와 아이 모두 성취감도 클 것이다. 좀 늦은 감은 있지만 나도 지금부터 아이들과 함께 근력 트레이닝을 시작해야겠다. 이제부터라도 잘 다치지 않고 원하는 대로 내 몸을 부릴 수 있는 당당한 지구인으로 살고 싶다.

윤혜림

옮긴이 _ **윤혜림**

서울대학교 건축학과를 졸업했다. 일본 교토 대학에서 건축학 전공으로 공학석사 학위를 받고, 동 대학에서 건축환경공학 전공으로 공학박사 학위를 받았다. 한국표준과학연구원에서 일했고, 지금까지 전공과 관련하여 5권의 책을 내고 7권의 책을 옮겼다.

최근에 《건강하지 않을수록 더 적게 먹어라》, 《당신 안의 장수유전자를 단련하라》, 《암도 막고 병도 막는 항산화 밥상》, 《합병증 없이 극복하는 고혈압》, 《양 · 한방으로 극복하는 간장병》, 《노화는 세포건조가 원인이다》, 《내장지방을 연소하는 근육 만들기》, 《근육 만들기》, 《세로토닌 뇌 활성법》, 《음식으로 먹는 평생보약》, 《생활 속 독소배출법》, 《생활 속 면역 강화법》, 《부모가 높여주는 내 아이 면역력》, 《항암치료 보양식탁》, 《먹는 면역력》, 《면역력을 높이는 생활》, 《먹어서 개선하는 콜레스테롤》, 《나를 살리는 피, 늙게 하는 피, 위험한 피》, 《마음을 즐겁게 하는 뇌》, 《내 몸 안의 숨겨진 비밀, 해부학》, 《내 아이에게 대물림되는 엄마의 독성》을 비롯한 건강서와 자기계발서 《잠자기 전 5분》, 《코핑》, 자녀교육서 《엄마의 자격》 등을 번역했다.

좋은 책의 첫 번째 독자로서 누리는 기쁨에 감사하며, 번역을 통해 서로 다른 글을 잇는 다리를 놓아 저자의 지식과 마음을 독자에게 충실히 전달하려 한다.

내 아이 숨은 능력을 깨워주는 **어린이 근력 트레이닝**

초판 1쇄 인쇄 | 2013년 12월 1일
초판 1쇄 발행 | 2013년 12월 8일

지은이 | 이시이 나오카타
옮긴이 | 윤혜림
펴낸이 | 강효림

편 집 | 지태진
디자인 | 채지연
마케팅 | 김용우

종 이 | 화인페이퍼
인 쇄 | 한영문화사

펴낸곳 | 도서출판 전나무숲 檜林
출판등록 | 1994년 7월 15일 · 제10-1008호
주 소 | 121-230 서울시 마포구 망원동 435-15 2층
전 화 | 02-322-7128
팩 스 | 02-325-0944
홈페이지 | www.firforest.co.kr
이메일 | forest@firforest.co.kr

ISBN | 978-89-97484-26-3 (13590)

내 아이를 행복하게 하는 **엄마의 자격**

엄마가 알아야 할 육아 멘토링! 아이도 즐겁고 엄마도 행복하기 위한 자녀 인성교육 지침서. 엄마가 가져야 할 인생관에서부터 육아 원칙, 살림솜씨, 재테크 노하우, 밥상머리 교육, 학부모로서의 역할, 엄마의 인간관계 등 77가지 항목으로 엄마가 갖춰야 할 자격을 다루고 있다.

다츠미 나기사 지음 | 윤혜림 옮김 | 212쪽 | 값 10,000원

반항아 길들이기

아이의 자존감은 살리고 반항심은 확실히 잠재우는 양육의 기술. 어른의 말에 자꾸 토 달고, 지시를 번번이 무시하고, 되지도 않는 이유로 자기가 원하는 걸 하겠다고 우기는 아이들의 행동 때문에 고민인 교사, 학부모 등 어른들을 위한 현장 밀착형 양육서로 아이들의 반항적 태도 앞에서 어떻게 대응하느냐에 대해 세심히 조언한다.

루디 로데, 모나 자비네 마이스 지음 | 윤진희 옮김 | 276쪽 | 값 13,000원

서상훈의 자기주도학습 전략

대한민국 대표 학습법 강사가 전하는 상위 1%의 공부 비밀. 자기주도학습의 핵심적인 원리를 학교 수업에 바로 적용할 수 있는 7가지 학습법과 주요 과목 공부법을 제시하고 있다. 교사, 학습지도사를 위한 4주에 완성하는 최고의 자기주도학습 사용설명서.

서상훈 지음 | 216쪽 | 값 12,000원

직장에서 가정까지 일하는 여자들을 위한 여왕의 리더십

20년 이상 직장맘으로 살아온 저자가 일하는 엄마들을 위해 쓴 생활 전략서. 저자는 자신의 경험과 수많은 컨설팅 경험을 바탕으로 엄마들이 직면하게 되는 어려움을 세세하게 파헤치며, 그에 대한 해법으로 직장에서 늘상 사용하는 처세와 리더십 전략 중에서 가정과 육아에 꼭 필요한 7가지를 추려 명쾌하게 제시한다.

제이미 울프 지음 | 서영조 옮김 | 320쪽 | 13,800원

잘못된 입맛이 내몸을 망친다

밥상보다 입맛을 바꾸는 것이 얼마나 중요한지를 알려주고, 약 3개월간 실행해 효과를 볼 수 있는 입맛 훈련의 방법을 제공한다. 식이요법 처방을 받았지만 실천하기 어려운 사람, 건강식을 먹이고픈 주부, 식욕 억제에 번번이 실패해 다이어트와 요요를 반복하는 사람들이 입맛 훈련을 실천하면 큰 효과를 볼 수 있다.

박민수 지음 | 244쪽 | 값 13,000원

생활 속 면역 강화법

세계적인 면역학자 아보 도오루의 면역학 이론을 쉽게 풀어쓴 책. 어려운 의학 용어와 복잡한 원리를 일러스트로 쉽고 재미있게 설명하면서 생활 속에서 누구나 실천할 수 있는 면역력 강화법을 제시한다. 특히 '면역력을 높이는 10가지 방법'은 그간 아보 도오루가 제창해온 면역학 이론에서 '핵심 중의 핵심'이라는 평가를 받고 있다.

아보 도오루 지음 | 윤혜림 옮김 | 236쪽 | 값 13,000원